計算の王様シール

LOVE

●がんばったシール

●ゴールシール

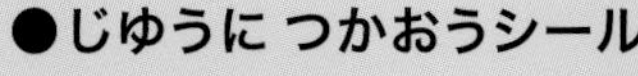
●じゆうに つかおうシール

がんばれ！

その
ちょうし！

JN050864

1年生達成表

めざせ！計算の王様！

1ページ　おわるごとに　シールを　1つずつ
じゅんばんに　はろう！
ぜんぶ　はれたら、きみは　けいさんの　おうさまだ！

このドリルの特長と使い方

このドリルは,「苦手をつくらない」ことを目的としたドリルです。単元ごとに「計算のしくみを理解するページ」と「くりかえし練習するページ」をもうけて,段階的に計算のしかたを学ぶことができます。

① 

計算のしくみを理解するためのページです。計算のしかたのヒントが載っていますので,これにそって計算のしかたを学習しましょう。

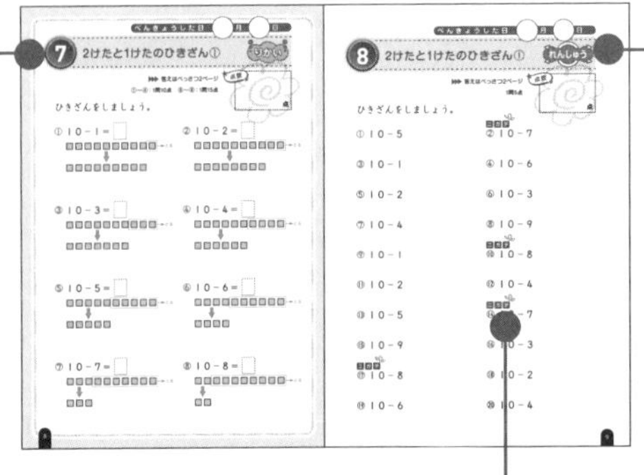

② れんしゅう

「理解」で学習したことを身につけるための練習ページです。「理解」で学習したことを思い出しながら計算していきましょう。

③ 

間違えやすい計算は,別に単元を設けています。こちらも「理解」→「練習」と段階をふんでいますので,重点的に学習することができます。

ニガテ

間違えやすい計算はニガテのマークがついています。

小学計算問題の正しい解き方

もくじ

1けたと1けたのたしざん① …… 2
1けたと1けたのひきざん …… 6
2けたと1けたのひきざん① …… 8
0のたしざん …… 10
0のひきざん …… 12
2けたと1けたのたしざん① …… 14
1けたと1けたのたしざん② …… 16
2けたと1けたのたしざん② …… 20
ニガテ 7, 8, 9のあるたしざん① …… 24
★たしざんのまとめ★ …… 27
3つのかずのたしざん① …… 28
3つのかずのたしざん② …… 34
★3つのかずのたしざんのまとめ★ …… 39
ニガテ 7, 8, 9のあるたしざん② …… 40
★3つのかずのたしざんのまとめ★ …… 43
2けたと1けたのひきざん② …… 44
2けたと1けたのひきざん③ …… 46
2けたと1けたのひきざん④ …… 50
ニガテ 7, 8のあるひきざん① …… 54
★ひきざんのまとめ★ …… 57
3つのかずのひきざん① …… 58
3つのかずのひきざん② …… 64
★3つのかずのひきざんのまとめ★ …… 69
ニガテ 7, 8のあるひきざん② …… 70
3つのかずのたしざん・ひきざん …… 74
★3つのかずのたしざん・ひきざんのまとめ★ …… 79
なん十のたしざん …… 80
なん十のひきざん …… 82
2けたと1けたのたしざん③ …… 84
2けたと1けたのひきざん⑤ …… 90
★2けたと1けたのたしざん・ひきざんのまとめ★ …… 96

編集/山野友子　編集協力/有限会社 マイプラン 片田夕美　校正/玉井洋子・株式会社 東京出版サービスセンター
装丁デザイン/養父正一・松田英之 (EYE-Some Design)　装丁・シールイラスト/北田哲也　本文デザイン/ハイ制作室 若林千秋　本文イラスト/西村博子

べんきょうした日　月　日

1 1けたと1けたのたしざん①

りかい

▶▶▶ 答えはべっさつ1ページ

点数

①～④：1問10点　⑤～⑧：1問15点

点

たしざんをしましょう。

① $1+3=\square$

② $1+5=\square$

③ $2+3=\square$

④ $4+3=\square$

⑤ $5+3=\square$

⑥ $6+3=\square$

⑦ $3+2=\square$

⑧ $4+1=\square$

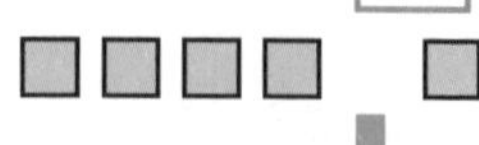

1けたと1けたのたしざん①

▶▶▶ 答えはべっさつ1ページ

1問5点

点

たしざんをしましょう。

① 2 + 2

② 2 + 1

③ 3 + 3

④ 4 + 2

⑤ 5 + 3

⑥ 4 + 3

⑦ 5 + 1

⑧ 2 + 5

⑨ 1 + 4

⑩ 2 + 3

⑪ 1 + 5

⑫ 6 + 3

⑬ 3 + 2

⑭ 1 + 2

⑮ 2 + 6

⑯ 3 + 4

⑰ 5 + 5

⑱ 2 + 4

⑲ 1 + 6

⑳ 4 + 6

べんきょうした日　月　日

1けたと1けたのたしざん①

▶▶▶ 答えはべっさつ1ページ

1問5点

点

たしざんをしましょう。

① 5＋3　　② 2＋6

③ 5＋4　　④ 4＋5

⑤ 6＋2　　⑥ 3＋1

⑦ 6＋3　　⑧ 3＋6

⑨ 5＋2　　⑩ 1＋5

⑪ 7＋2　　⑫ 1＋9

⑬ 2＋8　　⑭ 3＋7

⑮ 4＋6　　⑯ 5＋5

⑰ 6＋4　　⑱ 7＋3

⑲ 8＋2　　⑳ 9＋1

べんきょうした日  月 日

4 1けたと1けたのたしざん①

答えはべっさつ1ページ

1問5点

点数　　点

たしざんをしましょう。

① 6 ＋ 3　　② 2 ＋ 7

③ 2 ＋ 5　　④ 4 ＋ 6

⑤ 7 ＋ 2　　⑥ 5 ＋ 4

⑦ 3 ＋ 6　　⑧ 5 ＋ 2

⑨ 4 ＋ 5　　⑩ 3 ＋ 5

⑪ 3 ＋ 7　　⑫ 4 ＋ 4

⑬ 6 ＋ 1　　⑭ 2 ＋ 8

⑮ 1 ＋ 9　　⑯ 5 ＋ 5

⑰ 7 ＋ 1　　⑱ 8 ＋ 1

⑲ 8 ＋ 2　　⑳ 9 ＋ 1

べんきょうした日　　月　　日

5 1けたと1けたのひきざん

りかい

答えはべっさつ1ページ

①〜④：1問10点　⑤〜⑧：1問15点

点数　　点

ひきざんをしましょう。

① 5 − 2 = □

■■■■■ →とる

② 4 − 2 = □

■■■■ →とる

③ 3 − 2 = □

■■■ →とる

④ 6 − 4 = □

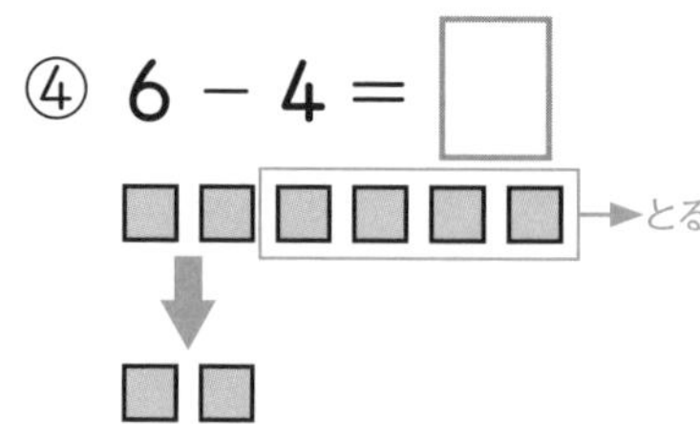

⑤ 6 − 1 = □

■■■■■■ →とる

⑥ 5 − 3 = □

■■■■■ →とる

⑦ 7 − 4 = □

■■■■■■■ →とる

⑧ 8 − 7 = □

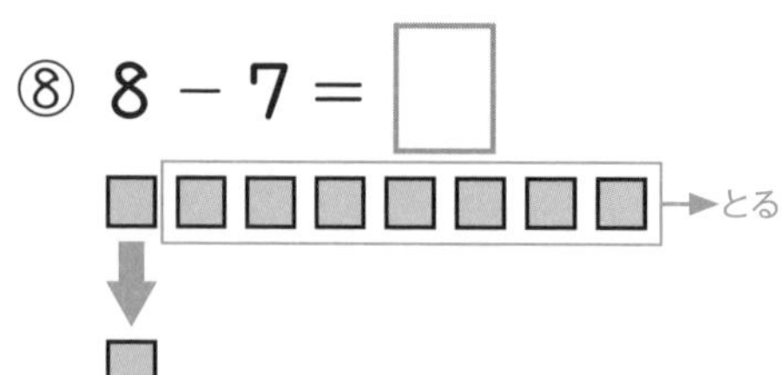

1けたと1けたのひきざん

答えはべっさつ1ページ

1問5点

点数　　点

ひきざんをしましょう。

① 6 − 3　　② 4 − 1

③ 5 − 3　　④ 4 − 2

⑤ 5 − 4　　⑥ 4 − 3

⑦ 5 − 1　　⑧ 2 − 1

⑨ 6 − 4　　⑩ 5 − 2

⑪ 3 − 1　　⑫ 6 − 5

⑬ 7 − 4　　⑭ 9 − 8

⑮ 6 − 1　　⑯ 6 − 2

⑰ 7 − 6　　⑱ 3 − 2

⑲ 8 − 2　　⑳ 8 − 7

7 2けたと1けたのひきざん①

りかい

▶▶▶ 答えはべっさつ2ページ

点数　　点

①～④：1問10点　⑤～⑧：1問15点

ひきざんをしましょう。

① 10－1＝□

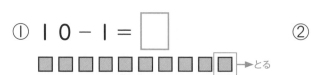

とる

② 10－2＝□

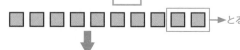

とる

③ 10－3＝□

とる

④ 10－4＝□

とる

⑤ 10－5＝□

とる

⑥ 10－6＝□

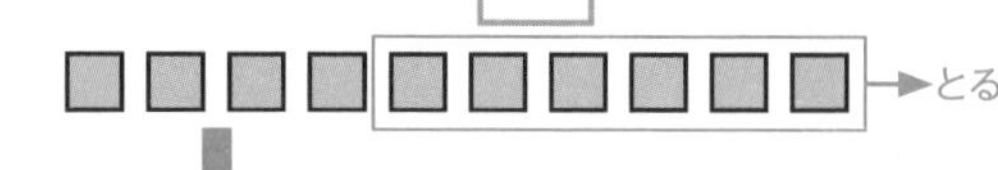

⑦ 10－7＝□

⑧ 10－8＝□

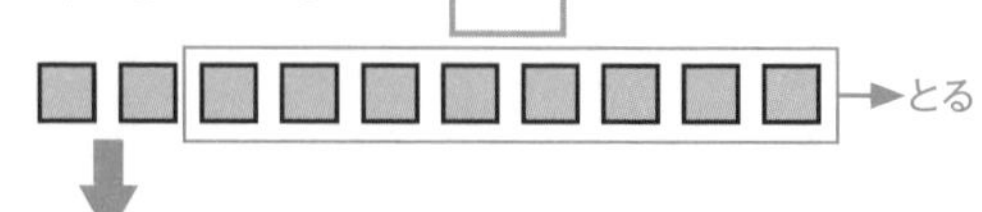

8 2けたと1けたのひきざん①

▶▶▶ 答えはべっさつ2ページ

1問5点

点数

点

ひきざんをしましょう。

① 10 − 5

ニガテ
② 10 − 7

③ 10 − 1

④ 10 − 6

⑤ 10 − 2

⑥ 10 − 3

⑦ 10 − 4

⑧ 10 − 9

⑨ 10 − 1

ニガテ
⑩ 10 − 8

⑪ 10 − 2

⑫ 10 − 4

⑬ 10 − 5

ニガテ
⑭ 10 − 7

⑮ 10 − 9

⑯ 10 − 3

ニガテ
⑰ 10 − 8

⑱ 10 − 2

⑲ 10 − 6

⑳ 10 − 4

べんきょうした日　　月　　日

9 0のたしざん

りかい

答えはべっさつ2ページ

①〜④：1問10点　⑤〜⑧：1問15点

点数　　点

たしざんをしましょう。

① 2 ＋ 0 ＝ □

② 5 ＋ 0 ＝ □

③ 3 ＋ 0 ＝ □

④ 1 ＋ 0 ＝ □

⑤ 0 ＋ 0 ＝ □

⑥ 0 ＋ 2 ＝ □

⑦ 0 ＋ 5 ＝ □

⑧ 0 ＋ 4 ＝ □

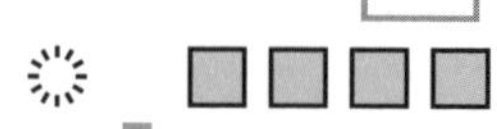

小学算数 計算問題の正しい解き方ドリル 1年・べっさつ

答えとおうちのかた手引き

1 1けたと1けたのたしざん① りかい

▶▶▶ほんさつ2ページ

① 4	② 6	③ 5	④ 7
⑤ 8	⑥ 9	⑦ 5	⑧ 5

ポイント

答えが 10 以下になるたし算を学習します。
数字を，○やおはじきなどに置き換えて考えさせましょう。

2 1けたと1けたのたしざん① れんしゅう

▶▶▶ほんさつ3ページ

① 4	② 3	③ 6	④ 6
⑤ 8	⑥ 7	⑦ 6	⑧ 7
⑨ 5	⑩ 5	⑪ 6	⑫ 9
⑬ 5	⑭ 3	⑮ 8	⑯ 7
⑰ 10	⑱ 6	⑲ 7	⑳ 10

3 1けたと1けたのたしざん① れんしゅう

▶▶▶ほんさつ4ページ

① 8	② 8	③ 9	④ 9
⑤ 8	⑥ 4	⑦ 9	⑧ 9
⑨ 7	⑩ 6	⑪ 9	⑫ 10
⑬ 10	⑭ 10	⑮ 10	⑯ 10
⑰ 10	⑱ 10	⑲ 10	⑳ 10

ポイント

答えが 10 になる 1 けたどうしのたし算は，1+9，2+8，3+7，4+6，5+5，6+4，7+3，8+2，9+1 です。くり上がりのあるたし算でよくつかうので，繰り返し練習させましょう。

4 1けたと1けたのたしざん① れんしゅう

▶▶▶ほんさつ5ページ

① 9	② 9	③ 7	④ 10
⑤ 9	⑥ 9	⑦ 9	⑧ 7
⑨ 9	⑩ 8	⑪ 10	⑫ 8
⑬ 7	⑭ 10	⑮ 10	⑯ 10
⑰ 8	⑱ 9	⑲ 10	⑳ 10

5 1けたと1けたのひきざん りかい

▶▶▶ほんさつ6ページ

① 3	② 2	③ 1	④ 2
⑤ 5	⑥ 2	⑦ 3	⑧ 1

ポイント

1 けたどうしの数のひき算を学習します。数字を，○やおはじきなどに置き換えて考えさせましょう。

6 1けたと1けたのひきざん れんしゅう

▶▶▶ほんさつ7ページ

① 3	② 3	③ 2	④ 2
⑤ 1	⑥ 1	⑦ 4	⑧ 1
⑨ 2	⑩ 3	⑪ 2	⑫ 1
⑬ 3	⑭ 1	⑮ 5	⑯ 4
⑰ 1	⑱ 1	⑲ 6	⑳ 1

ポイント

たし算よりひき算のほうが，計算間違いが多くなります。繰り返し練習させましょう。

7 2けたと1けたのひきざん① りかい

▶▶▶ ほんさつ8ページ

① 9　② 8　③ 7　④ 6
⑤ 5　⑥ 4　⑦ 3　⑧ 2

ポイント

10−1，10−2，10−3，10−4，10−5，10−6，10−7，10−8，10−9 は，くり下がりのあるひき算でよくつかいます。たし算のときと同様に繰り返し練習させましょう。

8 2けたと1けたのひきざん① れんしゅう

▶▶▶ ほんさつ9ページ

① 5　② 3　③ 9　④ 4
⑤ 8　⑥ 7　⑦ 6　⑧ 1
⑨ 9　⑩ 2　⑪ 8　⑫ 6
⑬ 5　⑭ 3　⑮ 1　⑯ 7
⑰ 2　⑱ 8　⑲ 4　⑳ 6

ポイント

数字を，○やおはじきなどに置き換えて考えさせましょう。

ここが ニガテ

7，8 をひくひき算は，くり下がりのあるひき算でもつまずきやすいところです。のこりがいくつになるか，おはじきなどを用いて考えさせましょう。

9 0のたしざん

▶▶▶ ほんさつ10ページ

① 2　② 5　③ 3　④ 1
⑤ 0　⑥ 2　⑦ 5　⑧ 4

ポイント

ある数に 0 をたしても，0 にある数をたしても，答えはある数のままであることを気付かせましょう。

10 0のたしざん れんしゅう

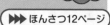

▶▶▶ ほんさつ11ページ

① 5　② 2　③ 4　④ 9
⑤ 6　⑥ 1　⑦ 8　⑧ 3
⑨ 0　⑩ 9　⑪ 7　⑫ 4
⑬ 8　⑭ 10　⑮ 1　⑯ 5
⑰ 6　⑱ 10　⑲ 2　⑳ 7

11 0のひきざん りかい

▶▶▶ ほんさつ12ページ

① 4　② 5　③ 6　④ 7
⑤ 3　⑥ 0　⑦ 0　⑧ 0

ポイント

ある数から 0 をひいても，答えはある数のままです。また，ひかれる数とひく数が同じとき，答えは 0 になることを気付かせましょう。

12 0のひきざん

▶▶▶ ほんさつ13ページ

① 8　② 2　③ 0　④ 0
⑤ 6　⑥ 0　⑦ 10　⑧ 0
⑨ 0　⑩ 5　⑪ 4　⑫ 9
⑬ 0　⑭ 7　⑮ 1　⑯ 0
⑰ 3　⑱ 0　⑲ 0　⑳ 0

13 2けたと1けたのたしざん① りかい

▶▶▶ ほんさつ14ページ

① 11　② 12　③ 13　④ 14
⑤ 15　⑥ 16

ポイント

くり上がりのあるたし算の基礎になる練習です。「10+1」の答えを「101」としてしまわないよう注意させましょう。

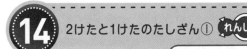

14 2けたと1けたのたしざん① れんしゅう

▶▶▶ほんさつ15ページ

① 13　② 11　③ 19　④ 12
⑤ 14　⑥ 18　⑦ 17　⑧ 15
⑨ 16　⑩ 10　⑪ 15　⑫ 14
⑬ 13　⑭ 17　⑮ 16　⑯ 11
⑰ 10　⑱ 18　⑲ 12　⑳ 19

ポイント

くり上がりのあるたし算の基礎になる練習です。

ここが ニガテ

7，8，9をたす計算は，くり上がりのあるたし算でもつまずきやすいところです。10といくつになるか，おはじきなどを用いて考えさせましょう。

15 1けたと1けたのたしざん② りかい

▶▶▶ほんさつ16ページ

① 12　② 13　③ 14　④ 13
⑤ 11　⑥ 11

ポイント

10になるのは，1と9，2と8，3と7，4と6，5と5，の組み合わせです。くり上がりの計算でよくつかうので，きちんと覚えさせましょう。

16 1けたと1けたのたしざん② れんしゅう

▶▶▶ほんさつ17ページ

① 11　② 11　③ 11　④ 12
⑤ 12　⑥ 12　⑦ 14　⑧ 11
⑨ 12　⑩ 11　⑪ 14　⑫ 15
⑬ 13　⑭ 12　⑮ 15　⑯ 12
⑰ 11　⑱ 11　⑲ 13　⑳ 14

ここが ニガテ

くり上がりのあるたし算では，7，8，9が出てくる計算が間違えやすいです。あといくつで10になるかを確認し，相手の数をうまく分解させましょう。

17 1けたと1けたのたしざん② れんしゅう

▶▶▶ほんさつ18ページ

① 12　② 13　③ 12　④ 15
⑤ 12　⑥ 11　⑦ 11　⑧ 13
⑨ 11　⑩ 12　⑪ 16　⑫ 11
⑬ 11　⑭ 17　⑮ 12　⑯ 13
⑰ 11　⑱ 12　⑲ 11　⑳ 18

ポイント

くり上がりの数を書くのを忘れないように注意させましょう。

ここが ニガテ

くり上がりのあるたし算では，7，8，9が出てくる計算が間違えやすいです。あといくつで10になるかを確認し，相手の数をうまく分解させましょう。

18 1けたと1けたのたしざん② れんしゅう

▶▶▶ほんさつ19ページ

① 12　② 12　③ 13　④ 13
⑤ 16　⑥ 13　⑦ 11　⑧ 17
⑨ 12　⑩ 12　⑪ 14　⑫ 11
⑬ 12　⑭ 14　⑮ 18　⑯ 11
⑰ 12　⑱ 13　⑲ 16　⑳ 11

19 2けたと1けたのたしざん② りかい

▶▶▶ほんさつ20ページ

① 14　② 17　③ 16　④ 19
⑤ 18　⑥ 19

ポイント

10以上の数を，「10と　いくつ」というように分解し，考えさせましょう。

20 2けたと1けたのたしざん② れんしゅう

▶▶▶ほんさつ21ページ

① 17　② 17　③ 19　④ 16
⑤ 18　⑥ 18　⑦ 17　⑧ 19
⑨ 18　⑩ 19　⑪ 18　⑫ 17
⑬ 19　⑭ 15　⑮ 16　⑯ 17
⑰ 18　⑱ 19　⑲ 19　⑳ 19

ここが ニガテ

2けたと１けたのたし算では，7，8，9が出てくる計算が間違えやすいです。たされる数を「10と　いくつ」というように分解し，7，8，9をたします。計算間違いがないか，注意して確認させましょう。

21 2けたと1けたのたしざん② れんしゅう

▶▶▶ほんさつ22ページ

① 18　② 19　③ 18　④ 19
⑤ 17　⑥ 19　⑦ 15　⑧ 19
⑨ 18　⑩ 19　⑪ 19　⑫ 15
⑬ 19　⑭ 15　⑮ 12　⑯ 16
⑰ 18　⑱ 14　⑲ 17　⑳ 16

22 2けたと1けたのたしざん② れんしゅう

▶▶▶ほんさつ23ページ

① 18　② 19　③ 19　④ 15
⑤ 19　⑥ 19　⑦ 17　⑧ 18
⑨ 19　⑩ 18　⑪ 17　⑫ 18
⑬ 18　⑭ 15　⑮ 14　⑯ 16
⑰ 19　⑱ 17　⑲ 15　⑳ 17

23 7，8，9のあるたしざん① りかい

▶▶▶ほんさつ24ページ

① 11　② 14　③ 13　④ 18
⑤ 19　⑥ 19

24 7，8，9のあるたしざん① れんしゅう

▶▶▶ほんさつ25ページ

① 13　② 12　③ 11　④ 15
⑤ 11　⑥ 11　⑦ 12　⑧ 14
⑨ 15　⑩ 16　⑪ 17　⑫ 13
⑬ 12　⑭ 18　⑮ 15　⑯ 12
⑰ 13　⑱ 14　⑲ 15　⑳ 17

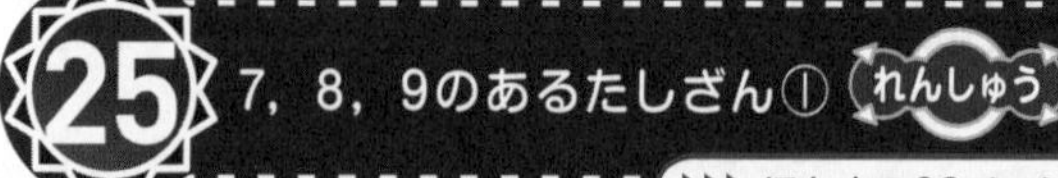

25 7，8，9のあるたしざん① れんしゅう

▶▶▶ほんさつ26ページ

① 19　② 17　③ 19　④ 19
⑤ 18　⑥ 18　⑦ 19　⑧ 19
⑨ 19　⑩ 17　⑪ 18　⑫ 19
⑬ 19　⑭ 17　⑮ 19　⑯ 18
⑰ 19　⑱ 19　⑲ 18　⑳ 19

26 たしざんのまとめ キューブゲーム

▶▶▶ほんさつ27ページ

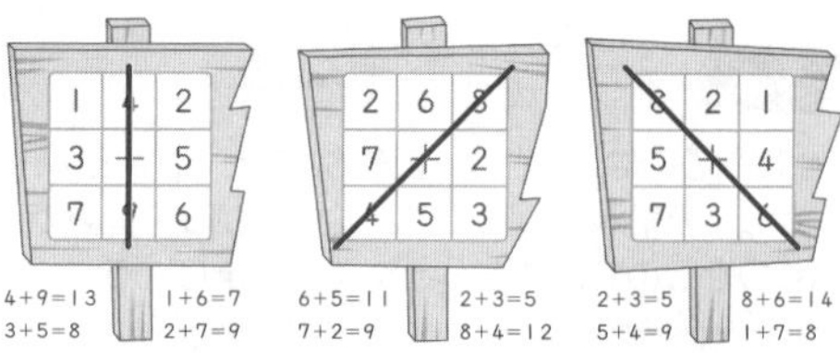

4+9=13
3+5=8
1+6=7
2+7=9
6+5=11
7+2=9
2+3=5
8+4=12
2+3=5
5+4=9
8+6=14
1+7=8

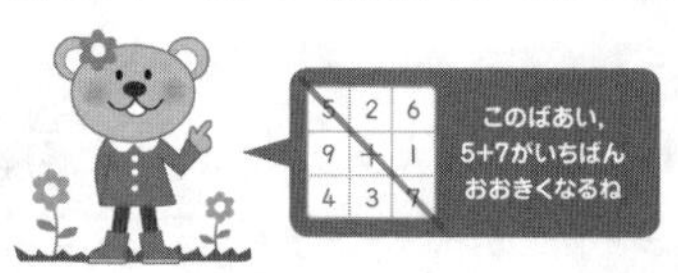

このばあい，
5+7がいちばん
おおきくなるね

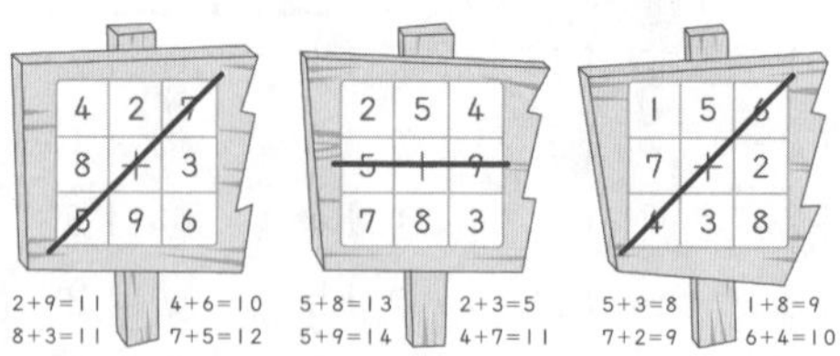

2+9=11
8+3=11
4+6=10
7+5=12
5+8=13
5+9=14
2+3=5
4+7=11
5+3=8
7+2=9
1+8=9
6+4=10

27 3つのかずのたしざん① りかい

▶▶▶ほんさつ28ページ

① 5，9　② 5，6　③ 3，4　④ 6，7
⑤ 7，9　⑥ 8，9　⑦ 7，10　⑧ 8，10

ポイント

2+3+4=5+4=9　のように，3つの数の計算は，左から順にさせましょう。

28 3つのかずのたしざん①　れんしゅう

ほんさつ29ページ

① 9	② 8	③ 9	④ 7
⑤ 9	⑥ 9	⑦ 9	⑧ 10
⑨ 10	⑩ 8	⑪ 7	⑫ 8
⑬ 10	⑭ 8	⑮ 8	⑯ 10
⑰ 9	⑱ 8	⑲ 8	⑳ 9

29 3つのかずのたしざん①　れんしゅう

ほんさつ30ページ

① 10	② 9	③ 9	④ 10
⑤ 8	⑥ 8	⑦ 10	⑧ 9
⑨ 9	⑩ 9	⑪ 9	⑫ 9
⑬ 10	⑭ 9	⑮ 10	⑯ 10
⑰ 10	⑱ 9	⑲ 9	⑳ 9

30 3つのかずのたしざん①　れんしゅう

ほんさつ31ページ

① 3	② 9	③ 9	④ 10
⑤ 10	⑥ 8	⑦ 10	⑧ 10
⑨ 10	⑩ 10	⑪ 9	⑫ 9
⑬ 10	⑭ 10	⑮ 8	⑯ 9
⑰ 7	⑱ 10	⑲ 10	⑳ 10

31 3つのかずのたしざん①　れんしゅう

ほんさつ32ページ

① 10	② 7	③ 10	④ 9
⑤ 10	⑥ 9	⑦ 9	⑧ 10
⑨ 10	⑩ 9	⑪ 9	⑫ 9
⑬ 10	⑭ 9	⑮ 9	⑯ 8
⑰ 10	⑱ 8	⑲ 9	⑳ 10

32 3つのかずのたしざん①　れんしゅう

ほんさつ33ページ

① 8	② 8	③ 8	④ 9
⑤ 9	⑥ 8	⑦ 9	⑧ 10
⑨ 8	⑩ 8	⑪ 8	⑫ 8
⑬ 8	⑭ 9	⑮ 8	⑯ 9
⑰ 10	⑱ 8	⑲ 6	⑳ 10

33 3つのかずのたしざん②　りかい

ほんさつ34ページ

① 10，14	② 10，11	③ 10，13	④ 10，16
⑤ 10，14	⑥ 10，12	⑦ 10，13	⑧ 10，15

ポイント

3つの数の計算は，左から順にさせましょう。ここでは，はじめの2つの数の和が10になる場合を扱っています。くり上がりのあるたし算でよくつかうので，10になる組み合わせがすらすらと出てくるように，繰り返し練習させましょう。

34 3つのかずのたしざん②　れんしゅう

ほんさつ35ページ

① 15	② 11	③ 12	④ 16
⑤ 13	⑥ 15	⑦ 14	⑧ 16
⑨ 14	⑩ 15	⑪ 11	⑫ 11
⑬ 13	⑭ 12	⑮ 12	⑯ 13
⑰ 13	⑱ 14	⑲ 16	⑳ 14

35 3つのかずのたしざん②　れんしゅう

ほんさつ36ページ

① 12	② 16	③ 14	④ 15
⑤ 13	⑥ 14	⑦ 11	⑧ 15
⑨ 15	⑩ 18	⑪ 15	⑫ 14
⑬ 19	⑭ 13	⑮ 15	⑯ 19
⑰ 19	⑱ 16	⑲ 14	⑳ 11

ここが

はじめの2つの数の和が10になるので，「10と8でいくつ」「10と9でいくつ」の計算ができるよう，復習させましょう。

36 3つのかずのたしざん② れんしゅう

ほんさつ37ページ

① 16	② 11	③ 13	④ 12
⑤ 16	⑥ 18	⑦ 13	⑧ 14
⑨ 15	⑩ 19	⑪ 15	⑫ 15
⑬ 17	⑭ 19	⑮ 16	⑯ 16
⑰ 13	⑱ 13	⑲ 18	⑳ 17

ポイント

3つの数の計算は，左から順にさせましょう。

ここがニガテ

3つの数のたし算では，7，8，9が出てくる計算が間違えやすいです。はじめの2つの数の和が10になるので，「10と7でいくつ」「10と8でいくつ」「10と9でいくつ」の計算ができるよう，復習させましょう。

37 3つのかずのたしざん② れんしゅう

ほんさつ38ページ

① 14	② 17	③ 12	④ 11
⑤ 13	⑥ 12	⑦ 17	⑧ 12
⑨ 16	⑩ 19	⑪ 11	⑫ 12
⑬ 18	⑭ 11	⑮ 13	⑯ 19
⑰ 14	⑱ 18	⑲ 17	⑳ 13

ポイント

3つの数の計算は，左から順にさせましょう。

ここがニガテ

はじめの2つの数の和が10になるので，「10と7でいくつ」「10と8でいくつ」「10と9でいくつ」の計算ができるよう，復習させましょう。

38 3つのかずのたしざんのまとめ あんごうゲーム

ほんさつ39ページ

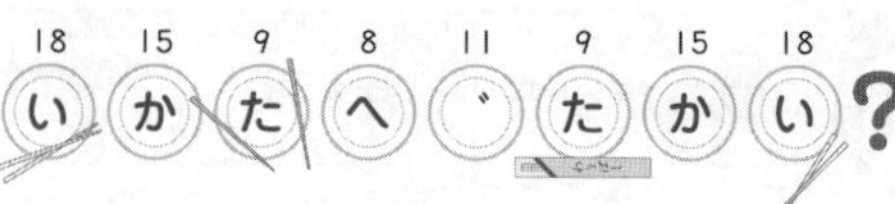

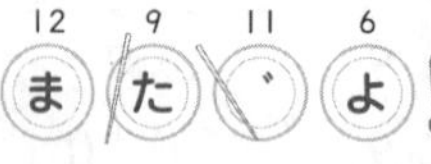

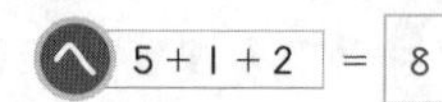

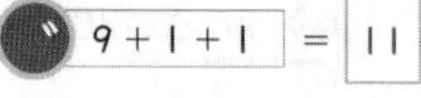

ま	3＋7＋2 ＝ 12		い	4＋6＋8 ＝ 18
た	3＋2＋4 ＝ 9		か	8＋2＋5 ＝ 15
よ	1＋2＋3 ＝ 6		へ	5＋1＋2 ＝ 8
゛	9＋1＋1 ＝ 11			

39 7，8，9のあるたしざん② りかい

ほんさつ40ページ

① 10，17	② 10，18	③ 10，19	④ 10，19
⑤ 10，17	⑥ 10，17	⑦ 10，18	⑧ 10，19

ポイント

3つの数の計算は，左から順にさせましょう。
「10+7=107」と書かないように注意させましょう。

ここがニガテ

はじめの2つの数の和が10になるので，「10と7でいくつ」「10と8でいくつ」「10と9でいくつ」の計算ができるよう，復習させましょう。

40 7，8，9のあるたしざん② れんしゅう

ほんさつ41ページ

① 17	② 18	③ 18	④ 19
⑤ 17	⑥ 19	⑦ 18	⑧ 19
⑨ 18	⑩ 19	⑪ 19	⑫ 19
⑬ 17	⑭ 18	⑮ 18	⑯ 19
⑰ 18	⑱ 17	⑲ 19	⑳ 18

ポイント

3つの数の計算は，左から順にさせましょう。

ここがニガテ

はじめの2つの数の和が10になるので，「10と7でいくつ」「10と8でいくつ」「10と9でいくつ」の計算ができるよう，復習させましょう。

41 7，8，9のあるたしざん② れんしゅう

ほんさつ42ページ

① 18　② 18　③ 17　④ 17
⑤ 19　⑥ 19　⑦ 19　⑧ 18
⑨ 17　⑩ 18　⑪ 18　⑫ 19
⑬ 17　⑭ 17　⑮ 17　⑯ 19
⑰ 17　⑱ 19　⑲ 17　⑳ 17

ポイント

3つの数の計算は，左から順にさせましょう。

ここがニガテ

はじめの2つの数の和が10になるので，「10と7でいくつ」「10と8でいくつ」「10と9でいくつ」の計算ができるよう，復習させましょう。

42 3つのかずのたしざんのまとめ あんごうゲーム

ほんさつ43ページ

こんど，

3＋7＋8＝18　6＋4＋5＝15　2＋8＋7＝17　1＋9＋9＝19

あ　や　と　り

をしてあそぼうよ！

7＋3＋1＝11　5＋5＋9＝19　8＋2＋6＝16　9＋1＋2＝12

お　り　が　み

もいいね！

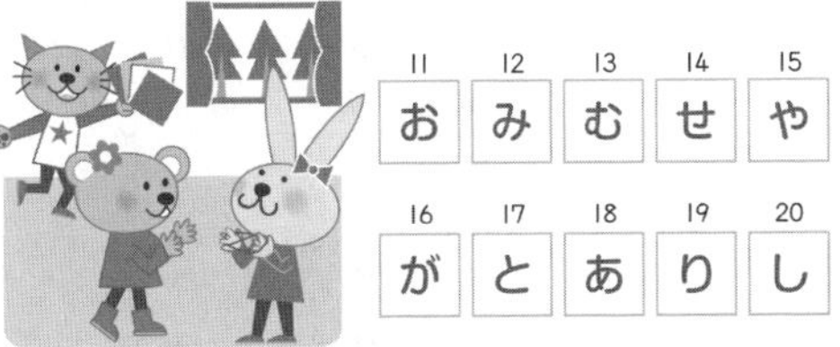

11	12	13	14	15
お	み	む	せ	や
16	17	18	19	20
が	と	あ	り	し

43 2けたと1けたのひきざん② りかい

ほんさつ44ページ

① 10　② 10　③ 10　④ 10
⑤ 10　⑥ 10

ポイント

2けたの数を，「10と　いくつ」というように分解し，考えさせましょう。

44 2けたと1けたのひきざん② れんしゅう

ほんさつ45ページ

① 10　② 10　③ 10　④ 10
⑤ 10　⑥ 10　⑦ 10　⑧ 10
⑨ 10　⑩ 10　⑪ 10　⑫ 10
⑬ 10　⑭ 10　⑮ 10　⑯ 10
⑰ 10　⑱ 10　⑲ 10　⑳ 10

ポイント

2けたの数を，「10と　いくつ」というように分解し，考えさせましょう。

ここがニガテ

2けたと1けたのひき算では，7，8が出てくる計算が間違えやすいです。⑦，⑲の17は「10と7」，②，⑰の18は「10と8」に分解して考えさせましょう。

45 2けたと1けたのひきざん③ りかい

ほんさつ46ページ

① 12　② 12　③ 13　④ 14
⑤ 12　⑥ 16

ポイント

2けたの数を，「10と　あと　いくつ」というように分解し，考えさせましょう。

46 2けたと1けたのひきざん③ れんしゅう

▶▶▶ほんさつ47ページ

① 11	② 11	③ 11	④ 13
⑤ 14	⑥ 12	⑦ 15	⑧ 13
⑨ 13	⑩ 11	⑪ 11	⑫ 12
⑬ 12	⑭ 11	⑮ 15	⑯ 13
⑰ 14	⑱ 12	⑲ 14	⑳ 16

ポイント

2けたの数を，「10と　いくつ」というように分解し，考えさせましょう。
② 16−5は，まず16を10と6にわけます。次に，6から5をひいて1，最後に，10と1で11となります。

47 2けたと1けたのひきざん③ れんしゅう

▶▶▶ほんさつ48ページ

① 12	② 12	③ 13	④ 12
⑤ 11	⑥ 11	⑦ 13	⑧ 11
⑨ 12	⑩ 14	⑪ 17	⑫ 18
⑬ 12	⑭ 13	⑮ 13	⑯ 14
⑰ 11	⑱ 16	⑲ 11	⑳ 15

48 2けたと1けたのひきざん③ れんしゅう

▶▶▶ほんさつ49ページ

① 14	② 18	③ 13	④ 12
⑤ 12	⑥ 12	⑦ 13	⑧ 12
⑨ 14	⑩ 15	⑪ 13	⑫ 14
⑬ 11	⑭ 11	⑮ 13	⑯ 11
⑰ 11	⑱ 13	⑲ 12	⑳ 15

49 2けたと1けたのひきざん④ りかい

▶▶▶ほんさつ50ページ

① 9	② 8	③ 6	④ 7
⑤ 9	⑥ 9		

ポイント

くり下がりのあるひき算です。まず，10からひいて，残りをたすという考え方をしっかり理解させましょう。

50 2けたと1けたのひきざん④ れんしゅう

▶▶▶ほんさつ51ページ

① 8	② 9	③ 7	④ 9
⑤ 9	⑥ 9	⑦ 7	⑧ 9
⑨ 8	⑩ 9	⑪ 9	⑫ 8
⑬ 8	⑭ 6	⑮ 6	⑯ 7
⑰ 7	⑱ 3	⑲ 8	⑳ 4

ポイント

まず，10からひいて，残りをたしましょう。

ここがニガテ

2けたと1けたのひき算では，7，8が出てくる計算が間違えやすいです。10−7，10−8を計算し，残りをたすと計算できることを気づかせましょう。

51 2けたと1けたのひきざん④ れんしゅう

▶▶▶ほんさつ52ページ

① 8	② 9	③ 9	④ 5
⑤ 9	⑥ 8	⑦ 7	⑧ 3
⑨ 7	⑩ 8	⑪ 9	⑫ 7
⑬ 6	⑭ 9	⑮ 9	⑯ 9
⑰ 7	⑱ 5	⑲ 5	⑳ 4

ポイント

まず，10からひいて，残りをたしましょう。

ここがニガテ

⑪ 16−7は，まず16を10と6にわけます。次に，10から7をひいて3，最後に，6と3で9となります。

52 2けたと1けたのひきざん④ れんしゅう

▶▶▶ほんさつ53ページ

① 6	② 9	③ 6	④ 7
⑤ 9	⑥ 9	⑦ 9	⑧ 8
⑨ 7	⑩ 5	⑪ 8	⑫ 7
⑬ 8	⑭ 6	⑮ 9	⑯ 3
⑰ 9	⑱ 7	⑲ 7	⑳ 8

53 7，8のあるひきざん① りかい

▶▶▶ほんさつ54ページ

① 12　② 11　③ 11　④ 6
⑤ 5　⑥ 3

ポイント

「10と　いくつ」に分解させましょう。

ここが ニガテ

ひかれる数を分解し，1の位から7，8がひけるかどうかを確認させましょう。

54 7，8のあるひきざん① れんしゅう

▶▶▶ほんさつ55ページ

① 6　② 6　③ 5　④ 4
⑤ 9　⑥ 7　⑦ 4　⑧ 3
⑨ 8　⑩ 10　⑪ 9　⑫ 7
⑬ 8　⑭ 5　⑮ 12　⑯ 10
⑰ 11　⑱ 11　⑲ 5　⑳ 3

ポイント

「10と　いくつ」に分解させましょう。
⑪ 17−8は，まず17を10と7にわけます。次に，10から8をひいて2，最後に，7と2で9となります。

55 7，8のあるひきざん① れんしゅう

▶▶▶ほんさつ56ページ

① 6　② 10　③ 8　④ 4
⑤ 5　⑥ 10　⑦ 9　⑧ 11
⑨ 8　⑩ 4　⑪ 9　⑫ 7
⑬ 6　⑭ 11　⑮ 3　⑯ 8
⑰ 7　⑱ 5　⑲ 5　⑳ 11

ポイント

「10と　いくつ」に分解させましょう。
⑨ 15−7は，まず15を10と5にわけます。次に，10から7をひいて3，最後に，5と3で8となります。

56 ひきざんのまとめ ジグソーパズル

▶▶▶ほんさつ57ページ

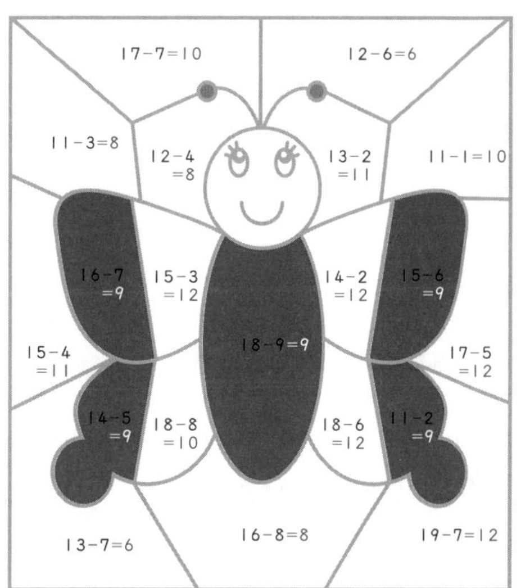

57 3つのかずのひきざん① りかい

▶▶▶ほんさつ58ページ

① 5，4　② 4，2　③ 3，2　④ 3，2
⑤ 5，2　⑥ 4，2　⑦ 2，1　⑧ 6，1

ポイント

3つの数の計算は，左から順にさせましょう。
ひく数が2つあります。ひかれる数と混同しないように注意させましょう。

58 3つのかずのひきざん① れんしゅう

▶▶▶ほんさつ59ページ

① 2　② 2　③ 1　④ 1
⑤ 1　⑥ 1　⑦ 1　⑧ 2
⑨ 2　⑩ 1　⑪ 2　⑫ 3
⑬ 1　⑭ 2　⑮ 1　⑯ 3
⑰ 4　⑱ 1　⑲ 3　⑳ 3

ポイント

⑯ 6−2−1は，まず6から2をひいて4，次に，4から1をひいて3となります。

59 3つのかずのひきざん① れんしゅう

▶▶▶ほんさつ60ページ

① 2	② 2	③ 1	④ 3
⑤ 1	⑥ 1	⑦ 3	⑧ 2
⑨ 2	⑩ 2	⑪ 3	⑫ 2
⑬ 1	⑭ 2	⑮ 2	⑯ 3
⑰ 2	⑱ 1	⑲ 1	⑳ 1

ポイント

⑤ 9−5−3は，まず9から5をひいて4，次に，4から3をひいて1となります。

60 3つのかずのひきざん① れんしゅう

▶▶▶ほんさつ61ページ

① 4	② 1	③ 4	④ 2
⑤ 2	⑥ 1	⑦ 2	⑧ 1
⑨ 2	⑩ 2	⑪ 3	⑫ 1
⑬ 2	⑭ 3	⑮ 2	⑯ 3
⑰ 1	⑱ 3	⑲ 4	⑳ 2

ポイント

⑪ 8−2−3は，まず8から2をひいて6，次に，6から3をひいて3となります。

61 3つのかずのひきざん① れんしゅう

▶▶▶ほんさつ62ページ

① 2	② 2	③ 1	④ 2
⑤ 4	⑥ 1	⑦ 4	⑧ 3
⑨ 1	⑩ 1	⑪ 2	⑫ 1
⑬ 3	⑭ 1	⑮ 2	⑯ 1
⑰ 1	⑱ 4	⑲ 2	⑳ 2

ポイント

⑲ 7−4−1は，まず7から4をひいて3，次に，3から1をひいて2となります。

62 3つのかずのひきざん① れんしゅう

▶▶▶ほんさつ63ページ

① 2	② 3	③ 1	④ 2
⑤ 1	⑥ 3	⑦ 2	⑧ 1
⑨ 2	⑩ 3	⑪ 1	⑫ 1
⑬ 4	⑭ 4	⑮ 1	⑯ 2
⑰ 3	⑱ 5	⑲ 1	⑳ 1

ポイント

⑯ 5−1−2は，まず5から1をひいて4，次に，4から2をひいて2となります。

63 3つのかずのひきざん② りかい

▶▶▶ほんさつ64ページ

① 10，9	② 10，7	③ 10，4	④ 10，4
⑤ 10，4	⑥ 10，7	⑦ 10，5	⑧ 10，5

ポイント

はじめの2つの数の差が，10になるひき算です。くり上がり・くり下がりのある計算でよくつかうので，10の組み合わせがすらすらと出てくるように練習させましょう。

64 3つのかずのひきざん② れんしゅう

▶▶▶ほんさつ65ページ

① 9	② 9	③ 7	④ 5
⑤ 8	⑥ 5	⑦ 4	⑧ 6
⑨ 7	⑩ 6	⑪ 5	⑫ 8
⑬ 9	⑭ 8	⑮ 4	⑯ 7
⑰ 6	⑱ 9	⑲ 8	⑳ 7

ポイント

はじめの2つの数の差が，10になるひき算です。くり上がり・くり下がりのある計算でよくつかうので，10の組み合わせがすらすらと出てくるように練習させましょう。

65 3つのかずのひきざん② れんしゅう

▶▶▶ほんさつ66ページ

① 7	② 3	③ 5	④ 5
⑤ 5	⑥ 8	⑦ 2	⑧ 6
⑨ 6	⑩ 2	⑪ 7	⑫ 1
⑬ 5	⑭ 3	⑮ 4	⑯ 8
⑰ 2	⑱ 3	⑲ 5	⑳ 6

ポイント

はじめの 2 つの数の差が，10 になるひき算です。くり上がり・くり下がりのある計算でよくつかうので，10 の組み合わせがすらすらと出てくるように練習させましょう。

ここがニガテ

3 つの数のひき算では，7，8 が出てくる計算が間違えやすいです。はじめの 2 つの数の差が 10 になるので，10−7，10−8 の計算ができるよう，復習させましょう。

66 3つのかずのひきざん② れんしゅう

▶▶▶ほんさつ67ページ

① 9	② 9	③ 8	④ 3
⑤ 3	⑥ 5	⑦ 7	⑧ 4
⑨ 8	⑩ 5	⑪ 7	⑫ 3
⑬ 6	⑭ 8	⑮ 2	⑯ 1
⑰ 6	⑱ 6	⑲ 1	⑳ 7

ここがニガテ

⑤ 15−5−7は，まず 15から5をひいて 10，次に，10 から 7 をひいて 3 となります。

67 3つのかずのひきざん② れんしゅう

▶▶▶ほんさつ68ページ

① 9	② 6	③ 2	④ 6
⑤ 8	⑥ 3	⑦ 9	⑧ 5
⑨ 6	⑩ 3	⑪ 1	⑫ 7
⑬ 4	⑭ 9	⑮ 3	⑯ 6
⑰ 6	⑱ 5	⑲ 9	⑳ 3

ここがニガテ

3 つの数のひき算では，7，8 が出てくる計算が間違えやすいです。はじめの 2 つの数の差が 10 になるので，10−7，10−8 の計算ができるよう，復習させましょう。

⑩ 13−3−7は，まず 13から 3 をひいて 10，次に，10 から 7 をひいて 3 となります。

68 3つのかずのひきざんのまとめ ジグソーパズル

▶▶▶ほんさつ69ページ

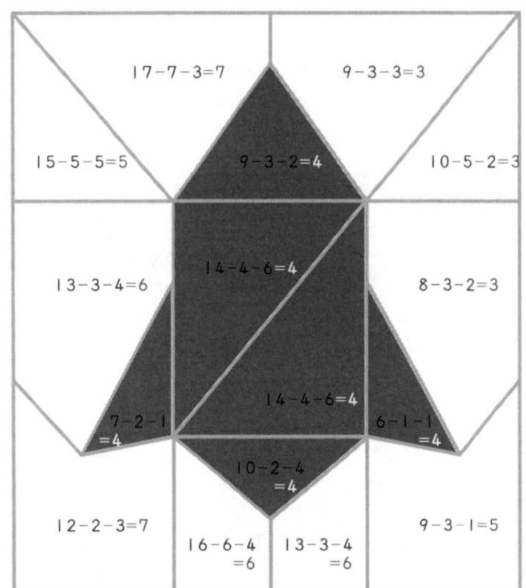

69 7，8のあるひきざん② りかい

▶▶▶ほんさつ70ページ

① 10，3	② 10，3	③ 10，2	④ 10，2
⑤ 10，3	⑥ 10，2	⑦ 10，3	⑧ 10，2

ポイント

はじめの 2 つの数の答えが 10 になるひき算です。

ここがニガテ

はじめの 2 つの数の差が 10 になるので，10−7，10−8 の計算ができるよう，復習させましょう。

70 7，8のあるひきざん②

ほんさつ71ページ

① 3	② 2	③ 2	④ 3
⑤ 3	⑥ 2	⑦ 3	⑧ 3
⑨ 2	⑩ 2	⑪ 3	⑫ 3
⑬ 2	⑭ 2	⑮ 3	⑯ 2
⑰ 3	⑱ 2	⑲ 3	⑳ 3

ここがニガテ

はじめの2つの数の差が10になるので，10−7，10−8の計算ができるよう，復習させましょう。⑨ 16−6−8は，まず16から6をひいて10，次に，10から8をひいて2となります。

71 7，8のあるひきざん②

ほんさつ72ページ

① 2	② 3	③ 2	④ 2
⑤ 3	⑥ 3	⑦ 2	⑧ 2
⑨ 3	⑩ 3	⑪ 3	⑫ 2
⑬ 3	⑭ 3	⑮ 3	⑯ 2
⑰ 2	⑱ 2	⑲ 2	⑳ 3

ここがニガテ

はじめの2つの数の差が10になるので，10−7，10−8の計算ができるよう，復習させましょう。⑯ 19−9−8は，まず19から9をひいて10，次に，10から8をひいて2となります。

72 7，8のあるひきざん②

ほんさつ73ページ

① 3	② 2	③ 2	④ 3
⑤ 3	⑥ 3	⑦ 3	⑧ 2
⑨ 3	⑩ 2	⑪ 3	⑫ 2
⑬ 2	⑭ 2	⑮ 2	⑯ 3
⑰ 3	⑱ 2	⑲ 3	⑳ 2

ここがニガテ

はじめの2つの数の差が10になるので，10−7，10−8の計算ができるよう，復習させましょう。① 11−1−7は，まず11から1をひいて10，次に，10から7をひいて3となります。

73 3つのかずの たしざん・ひきざん

ほんさつ74ページ

① 10，12 ② 10，16 ③ 10，16 ④ 10，11
⑤ 10，14 ⑥ 10，15 ⑦ 10，12 ⑧ 2，3

ポイント

たし算とひき算の混じった計算です。＋と－を間違えないように注意させましょう。

74 3つのかずの たしざん・ひきざん

ほんさつ75ページ

① 11	② 15	③ 13	④ 18
⑤ 12	⑥ 14	⑦ 11	⑧ 14
⑨ 12	⑩ 17	⑪ 19	⑫ 19
⑬ 17	⑭ 18	⑮ 19	⑯ 13
⑰ 18	⑱ 17	⑲ 9	⑳ 4

ここがニガテ

3つの数のたし算・ひき算では，7，8，9が出てくる計算が間違えやすいです。はじめの2つの数の差が10になるとき10+7，10+8，10+9の計算ができるよう，復習させましょう。また，17は「10と7」，18は「10と8」に分解して考えさせましょう。

75 3つのかずの たしざん・ひきざん

ほんさつ76ページ

① 13	② 18	③ 13	④ 14
⑤ 17	⑥ 12	⑦ 11	⑧ 19
⑨ 17	⑩ 17	⑪ 11	⑫ 17
⑬ 13	⑭ 19	⑮ 18	⑯ 17
⑰ 18	⑱ 17	⑲ 9	⑳ 6

ポイント

たし算とひき算の混じった計算です。＋と－を間違えないように注意させましょう。

ここがニガテ

3つの数のたし算・ひき算では，7，8，9が出てくる計算が間違えやすいです。はじめの2つの数の差が10になるので10+7，10+8，10+9の計算ができるよう，復習させましょう。また，17は「10と7」，18は「10と8」に分解して考えさせましょう。

76 3つのかずの たしざん・ひきざん

▶▶▶ほんさつ77ページ

① 15	② 12	③ 17	④ 18
⑤ 19	⑥ 15	⑦ 14	⑧ 16
⑨ 14	⑩ 13	⑪ 17	⑫ 19
⑬ 12	⑭ 11	⑮ 15	⑯ 17
⑰ 14	⑱ 18	⑲ 5	⑳ 7

ポイント

たし算とひき算の混じった計算です。＋と－を間違えないように注意させましょう。
⑨ 19−9+4は，まず19から9をひいて10，次に，10に4をたして14となります。

77 3つのかずの たしざん・ひきざん

▶▶▶ほんさつ78ページ

① 16	② 17	③ 19	④ 12
⑤ 13	⑥ 15	⑦ 11	⑧ 19
⑨ 14	⑩ 15	⑪ 17	⑫ 17
⑬ 19	⑭ 11	⑮ 18	⑯ 19
⑰ 17	⑱ 17	⑲ 3	⑳ 5

ここがニガテ

⑪ 13−3+7は，まず13から3をひいて10，次に，10に7をたして17となります。

78 3つのかずのたしざん・ひきざんのまとめ かずあてゲーム

▶▶▶ほんさつ79ページ

16 − 6 − 1 = 9	17 − 7 + 2 = 12
13 − 3 − 7 = 3	14 − 4 − 8 = 2
12 − 2 + 4 = 14	19 − 9 + 1 = 11
11 − 1 − 9 = 1	18 − 8 − 2 = 8

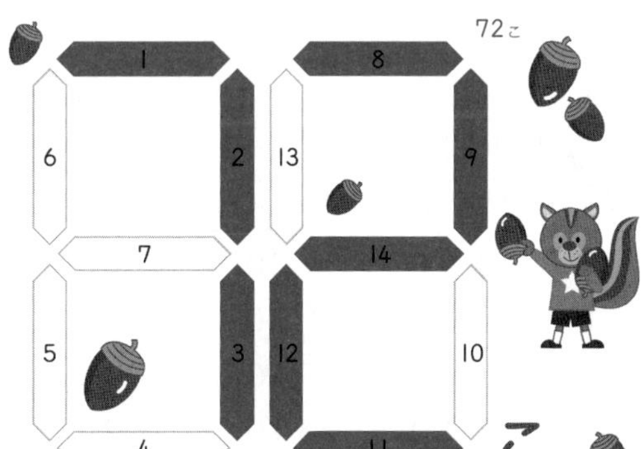

79 なん十のたしざん

▶▶▶ほんさつ80ページ

① 50	② 30	③ 40	④ 50
⑤ 60	⑥ 70	⑦ 90	⑧ 100

ポイント

10のまとまりが何個あるかに着目させましょう。

80 なん十のたしざん

▶▶▶ほんさつ81ページ

① 70	② 60	③ 60	④ 80
⑤ 100	⑥ 80	⑦ 100	⑧ 90
⑨ 70	⑩ 100	⑪ 80	⑫ 90
⑬ 100	⑭ 80	⑮ 100	⑯ 70
⑰ 70	⑱ 90	⑲ 80	⑳ 90

ポイント

10のまとまりが何個あるかに着目させましょう。
① 40+30は，10のたば4つと，10のたば3つをたすので，10のたば7つで70となります。

81 なん十のひきざん

▶▶▶ほんさつ82ページ

① 40　② 30　③ 50　④ 30
⑤ 40　⑥ 70　⑦ 10　⑧ 60

ポイント

10のまとまりが何個あるかに着目させましょう。

82 なん十のひきざん

▶▶▶ほんさつ83ページ

① 30　② 10　③ 20　④ 60
⑤ 40　⑥ 10　⑦ 30　⑧ 70
⑨ 10　⑩ 10　⑪ 40　⑫ 10
⑬ 50　⑭ 30　⑮ 10　⑯ 20
⑰ 20　⑱ 90　⑲ 60　⑳ 70

ポイント

10のまとまりが何個あるかに着目させましょう。
⑨ 40−30 は，10のたば4つから，10のたば3つをひくので，10のたば1つで10となります。

83 2けたと1けたのたしざん③

▶▶▶ほんさつ84ページ

① 23　② 25　③ 36　④ 49
⑤ 47　⑥ 57

ポイント

くり上がりがないので，十の位はそのままです。
一の位に着目させましょう。

84 2けたと1けたのたしざん③

▶▶▶ほんさつ85ページ

① 27　② 35　③ 29　④ 39
⑤ 49　⑥ 48　⑦ 38　⑧ 59
⑨ 66　⑩ 39　⑪ 48　⑫ 27
⑬ 59　⑭ 44　⑮ 56　⑯ 29
⑰ 38　⑱ 52　⑲ 39　⑳ 69

ポイント

くり上がりがないので，十の位はそのままです。
一の位に着目させましょう。
① 25+2は，まず25を20と5にわけます。次に，5に2をたして7，最後に，20と7で27となります。

85 2けたと1けたのたしざん③ れんしゅう

▶▶▶ほんさつ86ページ

① 28　② 69　③ 79　④ 37
⑤ 26　⑥ 49　⑦ 38　⑧ 69
⑨ 29　⑩ 86　⑪ 69　⑫ 57
⑬ 58　⑭ 78　⑮ 87　⑯ 68
⑰ 78　⑱ 93　⑲ 59　⑳ 69

ポイント

くり上がりがないので，十の位はそのままです。
一の位に着目させましょう。
⑯ 63+5は，まず63を60と3にわけます。次に，3に5をたして8，最後に，60と8で68となります。

86 2けたと1けたのたしざん③

▶▶▶ほんさつ87ページ

① 88　② 49　③ 79　④ 68
⑤ 28　⑥ 68　⑦ 79　⑧ 66
⑨ 48　⑩ 37　⑪ 68　⑫ 78
⑬ 85　⑭ 46　⑮ 68　⑯ 87
⑰ 39　⑱ 59　⑲ 39　⑳ 64

ポイント

くり上がりがないので，十の位はそのままです。
一の位に着目させましょう。
⑬ 83+2は，まず83を80と3にわけます。次に，3に2をたして5，最後に，80と5で85となります。

87 2けたと1けたのたしざん③ れんしゅう

▶▶▶ほんさつ88ページ

① 43	② 39	③ 69	④ 97
⑤ 86	⑥ 59	⑦ 47	⑧ 78
⑨ 77	⑩ 39	⑪ 87	⑫ 69
⑬ 27	⑭ 89	⑮ 58	⑯ 27
⑰ 48	⑱ 38	⑲ 77	⑳ 87

ポイント

くり上がりがないので，十の位はそのままです。一の位に着目させましょう。
④ 92+5は，まず92を90と2にわけます。次に，2に5をたして7，最後に，90と7で97となります。

88 2けたと1けたのたしざん③ れんしゅう

▶▶▶ほんさつ89ページ

① 49	② 29	③ 59	④ 69
⑤ 54	⑥ 67	⑦ 49	⑧ 56
⑨ 67	⑩ 49	⑪ 99	⑫ 98
⑬ 88	⑭ 39	⑮ 57	⑯ 79
⑰ 58	⑱ 79	⑲ 65	⑳ 68

ポイント

くり上がりがないので，十の位はそのままです。一の位に着目させましょう。
⑦ 47+2は，まず47を40と7にわけます。次に，7に2をたして9，最後に，40と9で49となります。

89 2けたと1けたのひきざん⑤ りかい

▶▶▶ほんさつ90ページ

① 23	② 34	③ 41	④ 42
⑤ 51	⑥ 60		

ポイント

くり下がりがないので，十の位はそのままです。一の位に着目させましょう。

90 2けたと1けたのひきざん⑤ れんしゅう

▶▶▶ほんさつ91ページ

① 34	② 51	③ 23	④ 34
⑤ 45	⑥ 72	⑦ 52	⑧ 31
⑨ 62	⑩ 31	⑪ 40	⑫ 21
⑬ 54	⑭ 44	⑮ 52	⑯ 61
⑰ 44	⑱ 53	⑲ 34	⑳ 73

ポイント

くり下がりがないので，十の位はそのままです。一の位に着目させましょう。
⑭ 48−4は，まず48を40と8にわけます。次に，8から4をひいて4，最後に，40と4で44となります。

91 2けたと1けたのひきざん⑤ れんしゅう

▶▶▶ほんさつ92ページ

① 23	② 60	③ 52	④ 42
⑤ 32	⑥ 60	⑦ 52	⑧ 91
⑨ 22	⑩ 82	⑪ 60	⑫ 31
⑬ 40	⑭ 62	⑮ 82	⑯ 60
⑰ 43	⑱ 92	⑲ 23	⑳ 73

ポイント

くり下がりがないので，十の位はそのままです。一の位に着目させましょう。
② 67−7は，まず67を60と7にわけます。次に，7から7をひいて0，最後に，60と0で60になります。

92 2けたと1けたのひきざん⑤ れんしゅう

▶▶▶ほんさつ93ページ

① 31	② 41	③ 55	④ 61
⑤ 32	⑥ 40	⑦ 74	⑧ 92
⑨ 81	⑩ 22	⑪ 32	⑫ 80
⑬ 82	⑭ 52	⑮ 62	⑯ 81
⑰ 32	⑱ 51	⑲ 32	⑳ 65

ポイント

くり下がりがないので，十の位はそのままです。一の位に着目させましょう。
⑧ 95−3は，まず95を90と5にわけます。次に，5から3をひいて2，最後に，90と2で92となります。

93 2けたと1けたのひきざん⑤

▶▶▶ほんさつ94ページ

① 41	② 31	③ 61	④ 90
⑤ 80	⑥ 52	⑦ 41	⑧ 74
⑨ 23	⑩ 30	⑪ 82	⑫ 65
⑬ 21	⑭ 83	⑮ 51	⑯ 21
⑰ 41	⑱ 61	⑲ 73	⑳ 83

ポイント

くり下がりがないので，十の位はそのままです。一の位に着目させましょう。
⑩ 33−3は，まず33を30と3にわけます。次に，3から3をひいて0，最後に，30と0で30となります。

94 2けたと1けたのひきざん⑤

▶▶▶ほんさつ95ページ

① 90	② 21	③ 61	④ 62
⑤ 51	⑥ 61	⑦ 45	⑧ 50
⑨ 81	⑩ 22	⑪ 91	⑫ 90
⑬ 83	⑭ 34	⑮ 54	⑯ 71
⑰ 51	⑱ 20	⑲ 63	⑳ 63

ポイント

くり下がりがないので，十の位はそのままです。一の位に着目させましょう。
⑭ 37−3は，まず37を30と7にわけます。次に，7から3をひいて4，最後に，30と4で34となります。

95 2けたと1けたのたしざん・ひきざんのまとめ
マスゲーム

▶▶▶ほんさつ96ページ

1	2	3	4	5	6	7	8	9	10
11	12	13	14	**15**	**16**	17	18	19	20
21	22	23	24	**25**	**26**	**27**	28	29	30
31	32	33	34	**35**	36	**37**	**38**	39	40
41	42	43	44	**45**	46	47	**48**	49	50
51	52	53	54	**55**	56	57	58	59	60
61	62	**63**	**64**	**65**	66	67	68	69	70
71	72	**73**	**74**	**75**	76	77	78	79	80
81	82	**83**	**84**	**85**	86	87	88	89	90
91	92	93	94	95	96	97	98	99	100

おんぷ

58 − 3 = 55	72 + 1 = 73
83 + 1 = 84	18 − 2 = 16
60 + 5 = 65	44 + 4 = 48
31 + 7 = 38	73 + 2 = 75
21 + 4 = 25	43 + 2 = 45
30 + 5 = 35	29 − 3 = 26
78 − 4 = 74	20 + 7 = 27
39 − 2 = 37	88 − 3 = 85
61 + 2 = 63	11 + 4 = 15
89 − 6 = 83	66 − 2 = 64

月　日

0のたしざん

れんしゅう

▶▶▶ 答えはべっさつ2ページ

点数

1問5点

点

たしざんをしましょう。

① 5＋0　　② 2＋0

③ 0＋4　　④ 9＋0

⑤ 6＋0　　⑥ 0＋1

⑦ 8＋0　　⑧ 3＋0

⑨ 0＋0　　⑩ 0＋9

⑪ 7＋0　　⑫ 4＋0

⑬ 0＋8　　⑭ 10＋0

⑮ 1＋0　　⑯ 0＋5

⑰ 0＋6　　⑱ 0＋10

⑲ 0＋2　　⑳ 0＋7

  月  日

11 0のひきざん

りかい

▶▶▶ 答えはべっさつ2ページ

①〜④：1問10点　⑤〜⑧：1問15点

点

ひきざんをしましょう。

① 4 − 0 = □

→とる

② 5 − 0 = □

→とる

③ 6 − 0 = □

→とる

④ 7 − 0 = □

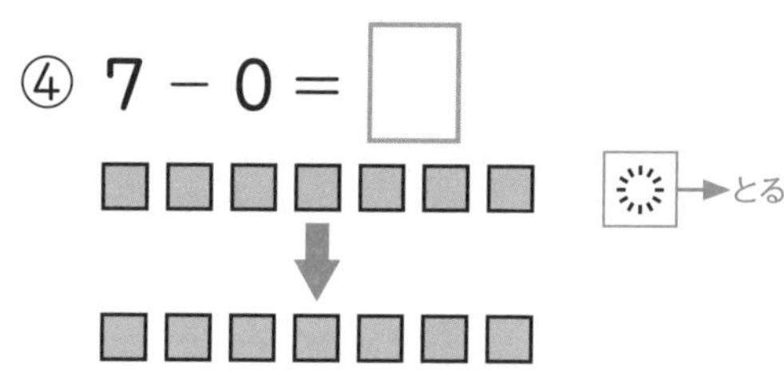

⑤ 3 − 0 = □

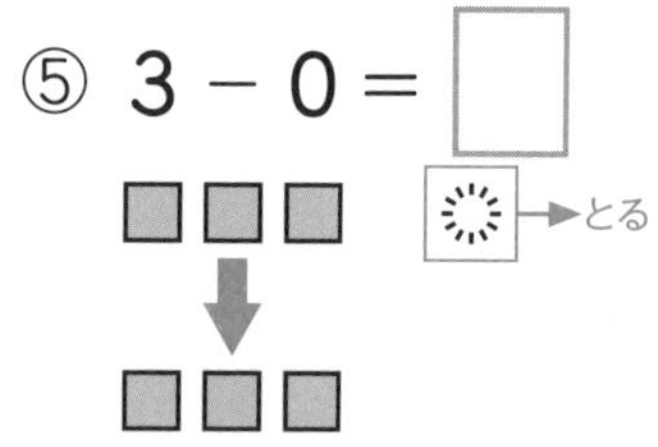

⑥ 2 − 2 = □

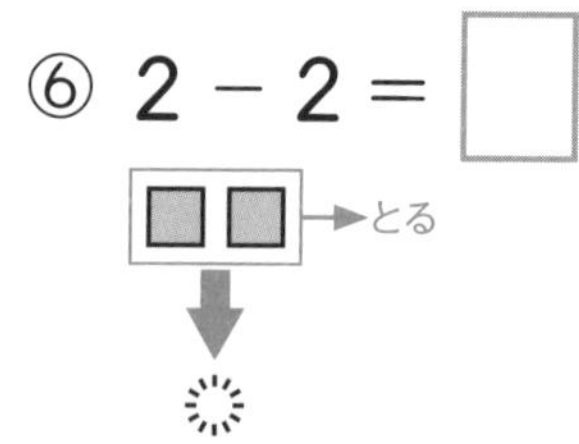

⑦ 1 − 1 = □

→とる

⑧ 3 − 3 = □

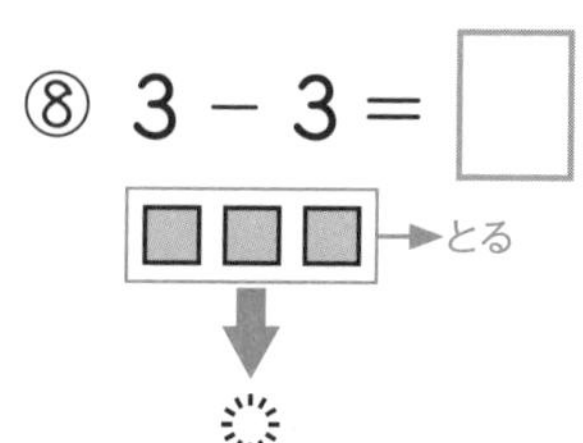

べんきょうした日　　月　　日

12 0のひきざん

れんしゅう

▶▶▶ 答えはべっさつ2ページ

1問5点

点数　　点

ひきざんをしましょう。

① 8 − 0

② 2 − 0

③ 4 − 4

④ 5 − 5

⑤ 6 − 0

⑥ 1 − 1

⑦ 10 − 0

⑧ 3 − 3

⑨ 9 − 9

⑩ 5 − 0

⑪ 4 − 0

⑫ 9 − 0

⑬ 8 − 8

⑭ 7 − 0

⑮ 1 − 0

⑯ 0 − 0

⑰ 3 − 0

⑱ 6 − 6

⑲ 2 − 2

⑳ 8 − 8

13 2けたと1けたのたしざん①

▶▶▶ 答えはべっさつ2ページ

①〜④：1問15点　⑤〜⑥：1問20点

点数　　点

たしざんをしましょう。

① １０＋１＝

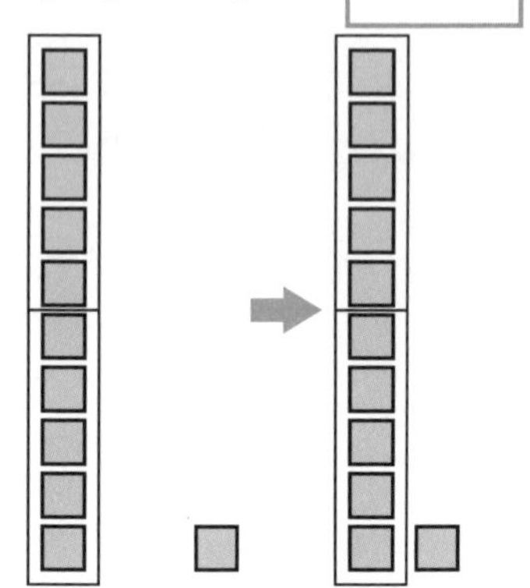

② １０＋２＝

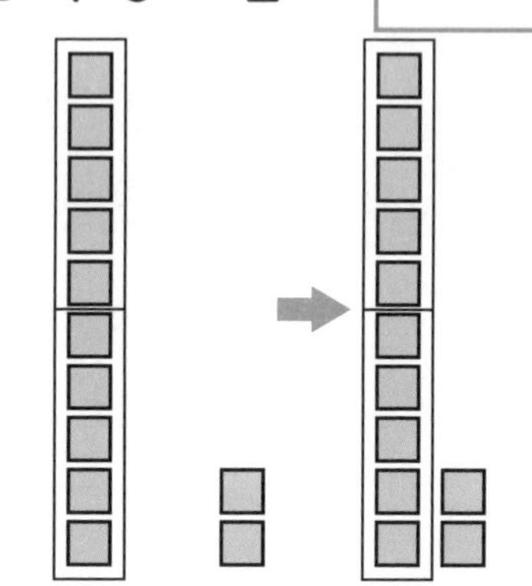

③ １０＋３＝

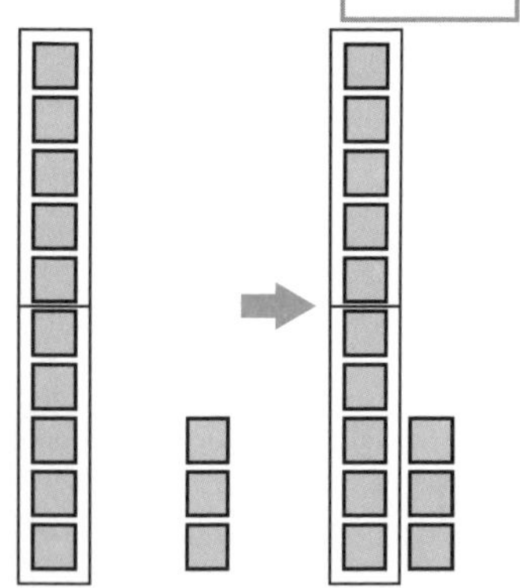

④ １０＋４＝

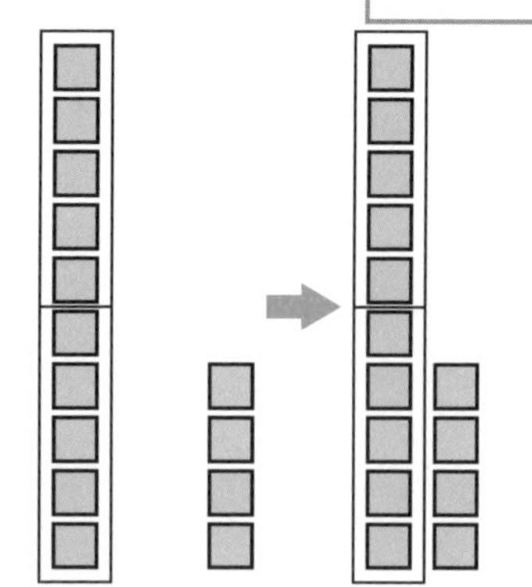

⑤ １０＋５＝

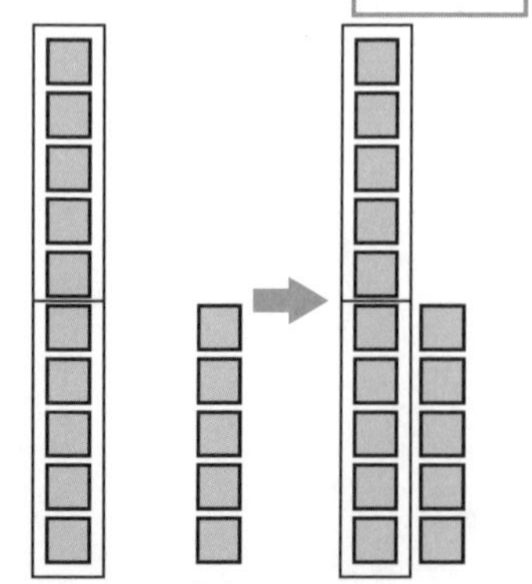

⑥ １０＋６＝

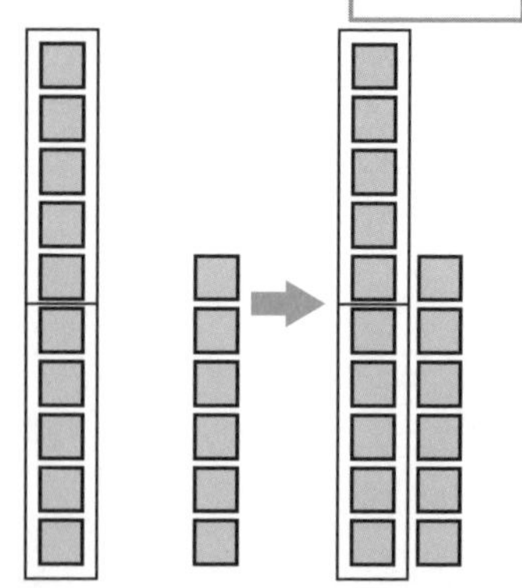

2けたと1けたのたしざん①

れんしゅう

べんきょうした日　月　日

答えはべっさつ3ページ

点数　点

1問5点

たしざんをしましょう。

① 10＋3

② 10＋1

ニガテ
③ 10＋9

④ 10＋2

⑤ 10＋4

ニガテ
⑥ 10＋8

ニガテ
⑦ 10＋7

⑧ 10＋5

⑨ 10＋6

⑩ 10＋0

⑪ 10＋5

⑫ 10＋4

⑬ 10＋3

ニガテ
⑭ 10＋7

⑮ 10＋6

⑯ 10＋1

⑰ 10＋0

ニガテ
⑱ 10＋8

⑲ 10＋2

ニガテ
⑳ 10＋9

15 1けたと1けたのたしざん②

▶▶▶ 答えはべっさつ3ページ

①〜④：1問15点　⑤〜⑥：1問20点

たしざんをしましょう。

① 9 + 3 = □

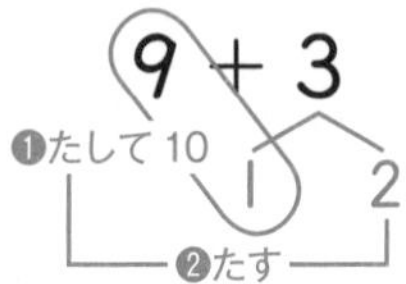

←9は，あと1で10になるので，3を，1と2にわける
❶9に1をたして10
❷10と2で12

② 9 + 4 = □

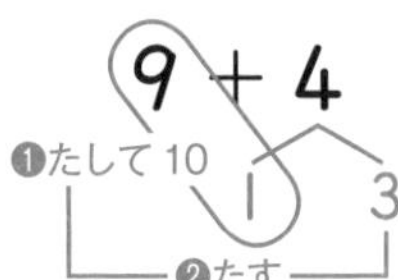

←9は，あと1で10になるので，4を，1と3にわける
❶9に1をたして10
❷10と3で13

③ 9 + 5 = □

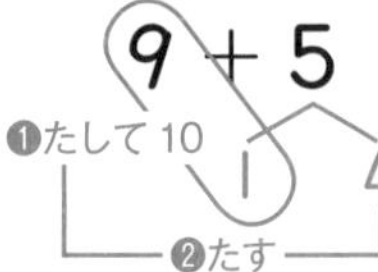

←9は，あと1で10になるので，5を，1と4にわける
❶9に1をたして10
❷10と4で14

④ 7 + 6 = □

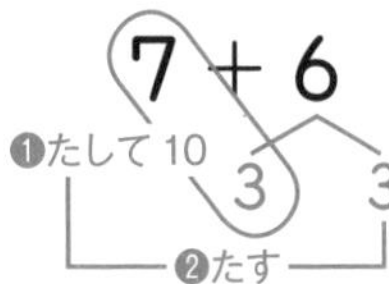

←7は，あと3で10になるので，6を，3と3にわける
❶7に3をたして10
❷10と3で13

⑤ 6 + 5 = □

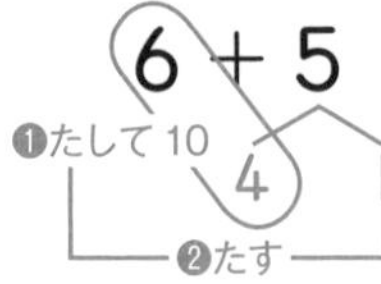

←6は，あと4で10になるので，5を，4と1にわける
❶6に4をたして10
❷10と1で11

⑥ 5 + 6 = □

←5は，あと5で10になるので，6を，5と1にわける
❶5に5をたして10
❷10と1で11

べんきょうした日  月 日

16 1けたと1けたのたしざん②

▶▶▶ 答えはべっさつ3ページ

1問5点

点

たしざんをしましょう。

① 5 ＋ 6

ニガテ
② 2 ＋ 9

ニガテ
③ 4 ＋ 7

ニガテ
④ 4 ＋ 8

ニガテ
⑤ 5 ＋ 7

⑥ 6 ＋ 6

ニガテ
⑦ 6 ＋ 8

ニガテ
⑧ 3 ＋ 8

ニガテ
⑨ 7 ＋ 5

⑩ 6 ＋ 5

ニガテ
⑪ 7 ＋ 7

ニガテ
⑫ 6 ＋ 9

ニガテ
⑬ 5 ＋ 8

⑭ 6 ＋ 6

ニガテ
⑮ 7 ＋ 8

ニガテ
⑯ 3 ＋ 9

⑰ 5 ＋ 6

ニガテ
⑱ 7 ＋ 4

ニガテ
⑲ 4 ＋ 9

ニガテ
⑳ 8 ＋ 6

べんきょうした日 月 日

1けたと1けたのたしざん②

▶▶▶ 答えはべっさつ3ページ

1問5点

点

たしざんをしましょう。

ニガテ
① 4 ＋ 8

ニガテ
② 7 ＋ 6

ニガテ
③ 8 ＋ 4

ニガテ
④ 9 ＋ 6

⑤ 6 ＋ 6

ニガテ
⑥ 7 ＋ 4

ニガテ
⑦ 8 ＋ 3

ニガテ
⑧ 4 ＋ 9

⑨ 5 ＋ 6

ニガテ
⑩ 7 ＋ 5

ニガテ
⑪ 9 ＋ 7

⑫ 6 ＋ 5

ニガテ
⑬ 3 ＋ 8

ニガテ
⑭ 9 ＋ 8

ニガテ
⑮ 5 ＋ 7

ニガテ
⑯ 5 ＋ 8

ニガテ
⑰ 9 ＋ 2

ニガテ
⑱ 3 ＋ 9

ニガテ
⑲ 4 ＋ 7

ニガテ
⑳ 9 ＋ 9

べんきょうした日　　月　　日

18 1けたと1けたのたしざん②

▶▶▶ 答えはべっさつ3ページ

1問5点

点

たしざんをしましょう。

① 6 + 6

ニガテ
② 5 + 7

ニガテ
③ 8 + 5

ニガテ
④ 4 + 9

ニガテ
⑤ 7 + 9

ニガテ
⑥ 5 + 8

ニガテ
⑦ 3 + 8

ニガテ
⑧ 9 + 8

ニガテ
⑨ 4 + 8

ニガテ
⑩ 3 + 9

ニガテ
⑪ 7 + 7

ニガテ
⑫ 4 + 7

ニガテ
⑬ 7 + 5

ニガテ
⑭ 6 + 8

ニガテ
⑮ 9 + 9

⑯ 6 + 5

ニガテ
⑰ 8 + 4

ニガテ
⑱ 7 + 6

ニガテ
⑲ 8 + 8

ニガテ
⑳ 9 + 2

19 2けたと1けたのたしざん②

▶▶▶ 答えはべっさつ3ページ

①〜④：1問15点　⑤〜⑥：1問20点

点数　　点

たしざんをしましょう。

① 11＋3＝

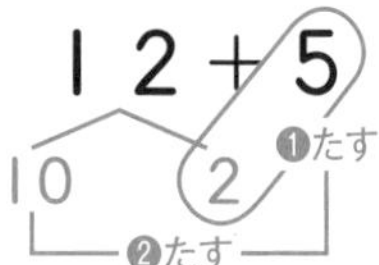

←11を，10と1にわける
❶ 1に3をたして4
❷ 10と4で14

② 12＋5＝

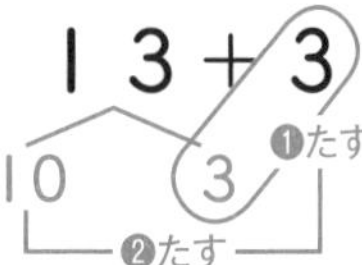

←12を，10と2にわける
❶ 2に5をたして7
❷ 10と7で17

③ 13＋3＝

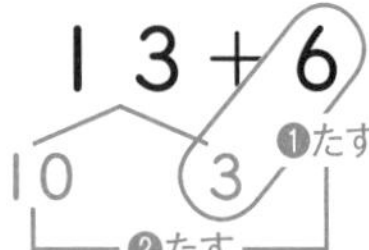

←13を，10と3にわける
❶ 3に3をたして6
❷ 10と6で16

④ 13＋6＝

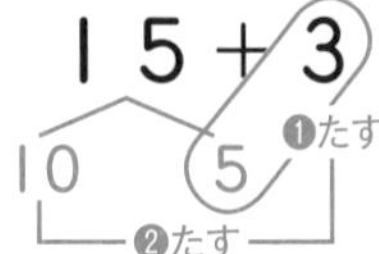

←13を，10と3にわける
❶ 3に6をたして9
❷ 10と9で19

⑤ 15＋3＝

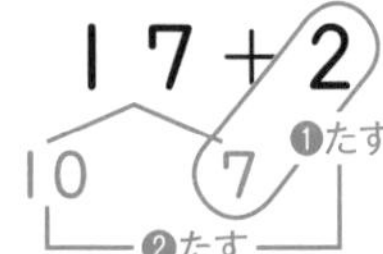

←15を，10と5にわける
❶ 5に3をたして8
❷ 10と8で18

⑥ 17＋2＝

17＋2
10　7
❶たす
❷たす

←17を，10と7にわける
❶ 7に2をたして9
❷ 10と9で19

2けたと1けたのたしざん②

▶▶▶ 答えはべっさつ4ページ

1問5点

点

たしざんをしましょう。

① 15＋2

② 12＋5

③ 16＋3

④ 15＋1

ニガテ
⑤ 11＋7

⑥ 12＋6

⑦ 16＋1

⑧ 18＋1

⑨ 16＋2

ニガテ
⑩ 12＋7

⑪ 17＋1

⑫ 11＋6

⑬ 15＋4

⑭ 13＋2

⑮ 12＋4

⑯ 14＋3

⑰ 15＋3

⑱ 17＋2

⑲ 14＋5

ニガテ
⑳ 11＋8

21 2けたと1けたのたしざん②

れんしゅう

答えはべっさつ4ページ

点数 1問5点　　点

たしざんをしましょう。

① 13＋5

② 17＋2

③ 14＋4

ニガテ ④ 12＋7

⑤ 11＋6

⑥ 13＋6

⑦ 12＋3

⑧ 15＋4

ニガテ ⑨ 11＋7

⑩ 14＋5

⑪ 18＋1

⑫ 14＋1

ニガテ ⑬ 11＋8

⑭ 13＋2

⑮ 11＋1

⑯ 13＋3

⑰ 16＋2

⑱ 11＋3

⑲ 14＋3

⑳ 12＋4

べんきょうした日　　月　　日

2けたと1けたのたしざん②

▶▶▶答えはべっさつ4ページ

点数

1問5点

点

たしざんをしましょう。

① 16＋2

ニガテ ② 12＋7

③ 18＋1

④ 13＋2

⑤ 16＋3

ニガテ ⑥ 11＋8

⑦ 12＋5

⑧ 15＋3

⑨ 14＋5

ニガテ ⑩ 11＋7

⑪ 16＋1

⑫ 12＋6

⑬ 13＋5

⑭ 11＋4

⑮ 12＋2

⑯ 14＋2

⑰ 15＋4

⑱ 11＋6

⑲ 14＋1

⑳ 15＋2

べんきょうした日　月　日

7，8，9のあるたしざん①

答えはべっさつ4ページ

①～④：1問15点　⑤～⑥：1問20点

たしざんをしましょう。

① 7＋4＝□

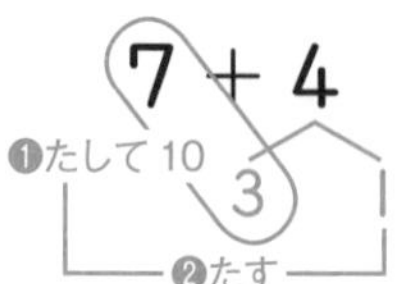

←7は，あと3で10になるので，4を，3と1にわける
❶7に3をたして10
❷10と1で11

② 6＋8＝□

←6は，あと4で10になるので，8を，4と4にわける
❶6に4をたして10
❷10と4で14

③ 4＋9＝□

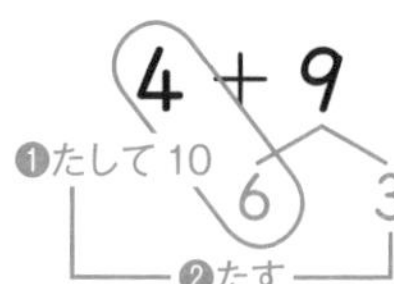

←4は，あと6で10になるので，9を，6と3にわける
❶4に6をたして10
❷10と3で13

④ 11＋7＝□

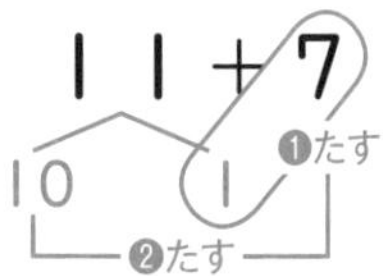

←11を，10と1にわける
❶1に7をたして8
❷10と8で18

⑤ 11＋8＝□

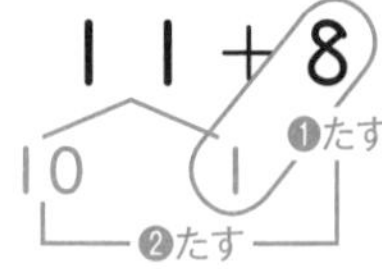

←11を，10と1にわける
❶1に8をたして9
❷10と9で19

⑥ 12＋7＝□

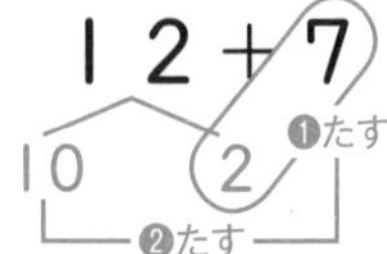

←12を，10と2にわける
❶2に7をたして9
❷10と9で19

べんきょうした日　月　日

24 7，8，9のあるたしざん①

答えはべっさつ4ページ

1問5点

点

たしざんをしましょう。

① 8＋5

② 7＋5

③ 8＋3

④ 9＋6

⑤ 9＋2

⑥ 7＋4

⑦ 9＋3

⑧ 5＋9

⑨ 7＋8

⑩ 8＋8

⑪ 9＋8

⑫ 6＋7

⑬ 8＋4

⑭ 9＋9

⑮ 6＋9

⑯ 9＋3

⑰ 7＋6

⑱ 6＋8

⑲ 8＋7

⑳ 8＋9

べんきょうした日　月　日

7，8，9のあるたしざん①

れんしゅう

▶▶▶ 答えはべっさつ4ページ

点数　1問5点　点

たしざんをしましょう。

① 11＋8　② 10＋7

③ 10＋9　④ 12＋7

⑤ 10＋8　⑥ 11＋7

⑦ 12＋7　⑧ 10＋9

⑨ 11＋8　⑩ 10＋7

⑪ 10＋8　⑫ 12＋7

⑬ 11＋8　⑭ 10＋7

⑮ 10＋9　⑯ 11＋7

⑰ 12＋7　⑱ 11＋8

⑲ 10＋8　⑳ 10＋9

べんきょうした日　月　日

26 たしざんのまとめ

キューブゲーム

▶▶▶答えはべっさつ4ページ

たて，よこ，ななめをたしてこたえの
1ばんおおきなしきに，せんをひきましょう。

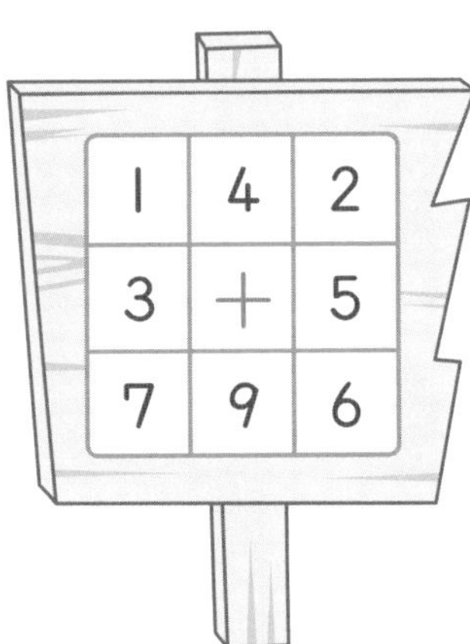

5	2	6
9	＋	1
4	3	7

このばあい，
5+7がいちばん
おおきくなるね

4	2	7
8	＋	3
5	9	6

2	5	4
5	＋	9
7	8	3

1	5	6
7	＋	2
4	3	8

27 3つのかずのたしざん①

りかい

▶▶▶ 答えはべっさつ4ページ

①〜④：1問10点　⑤〜⑧：1問15点

たしざんをしましょう。

① 2 + 3 + 4 = □ + 4 = □
└2と3をたす┘

② 2 + 3 + 1 = □ + 1 = □
└2と3をたす┘

③ 1 + 2 + 1 = □ + 1 = □
└1と2をたす┘

④ 4 + 2 + 1 = □ + 1 = □
└4と2をたす┘

⑤ 3 + 4 + 2 = □ + 2 = □
└3と4をたす┘

⑥ 3 + 5 + 1 = □ + 1 = □
└3と5をたす┘

⑦ 6 + 1 + 3 = □ + 3 = □
└6と1をたす┘

⑧ 5 + 3 + 2 = □ + 2 = □
└5と3をたす┘

べんきょうした日　　月　　日

3つのかずのたしざん①

れんしゅう

▶▶▶ 答えはべっさつ5ページ

1問5点

点

たしざんをしましょう。

① 1 + 3 + 5

② 4 + 3 + 1

③ 2 + 4 + 3

④ 4 + 2 + 1

⑤ 1 + 5 + 3

⑥ 2 + 2 + 5

⑦ 3 + 4 + 2

⑧ 5 + 1 + 4

⑨ 2 + 4 + 4

⑩ 2 + 1 + 5

⑪ 3 + 3 + 1

⑫ 2 + 1 + 5

⑬ 2 + 3 + 5

⑭ 1 + 5 + 2

⑮ 3 + 4 + 1

⑯ 6 + 2 + 2

⑰ 5 + 3 + 1

⑱ 4 + 1 + 3

⑲ 2 + 5 + 1

⑳ 3 + 3 + 3

べんきょうした日　　月　　日

29 3つのかずのたしざん①

れんしゅう

答えはべっさつ5ページ

1問5点

点

たしざんをしましょう。

① 2 + 3 + 5　　② 4 + 3 + 2

③ 3 + 1 + 5　　④ 6 + 2 + 2

⑤ 2 + 2 + 4　　⑥ 2 + 5 + 1

⑦ 3 + 5 + 2　　⑧ 4 + 2 + 3

⑨ 1 + 3 + 5　　⑩ 1 + 5 + 3

⑪ 3 + 3 + 3　　⑫ 3 + 2 + 4

⑬ 1 + 3 + 6　　⑭ 6 + 2 + 1

⑮ 4 + 4 + 2　　⑯ 6 + 3 + 1

⑰ 4 + 2 + 4　　⑱ 1 + 2 + 6

⑲ 3 + 4 + 2　　⑳ 2 + 4 + 3

べんきょうした日　　月　　日

3つのかずのたしざん①

▶▶▶ 答えはべっさつ5ページ

1問5点

点数　　点

たしざんをしましょう。

① 1 ＋ 1 ＋ 1　　② 2 ＋ 3 ＋ 4

③ 1 ＋ 5 ＋ 3　　④ 6 ＋ 2 ＋ 2

⑤ 3 ＋ 5 ＋ 2　　⑥ 1 ＋ 3 ＋ 4

⑦ 2 ＋ 5 ＋ 3　　⑧ 6 ＋ 1 ＋ 3

⑨ 1 ＋ 4 ＋ 5　　⑩ 2 ＋ 2 ＋ 6

⑪ 1 ＋ 3 ＋ 5　　⑫ 6 ＋ 2 ＋ 1

⑬ 6 ＋ 3 ＋ 1　　⑭ 5 ＋ 1 ＋ 4

⑮ 5 ＋ 2 ＋ 1　　⑯ 4 ＋ 3 ＋ 2

⑰ 1 ＋ 3 ＋ 3　　⑱ 4 ＋ 2 ＋ 4

⑲ 5 ＋ 2 ＋ 3　　⑳ 3 ＋ 3 ＋ 4

3つのかずのたしざん①

▶▶▶ 答えはべっさつ5ページ

点数

1問5点

点

たしざんをしましょう。

① 1 + 5 + 4

② 2 + 1 + 4

③ 3 + 5 + 2

④ 5 + 3 + 1

⑤ 2 + 5 + 3

⑥ 3 + 1 + 5

⑦ 1 + 4 + 4

⑧ 5 + 2 + 3

⑨ 4 + 3 + 3

⑩ 2 + 2 + 5

⑪ 6 + 2 + 1

⑫ 3 + 2 + 4

⑬ 1 + 3 + 6

⑭ 2 + 6 + 1

⑮ 2 + 5 + 2

⑯ 5 + 2 + 1

⑰ 5 + 1 + 4

⑱ 3 + 3 + 2

⑲ 2 + 4 + 3

⑳ 3 + 4 + 3

べんきょうした日　　月　　日

32 3つのかずのたしざん①

▶▶▶ 答えはべっさつ5ページ

1問5点

点

たしざんをしましょう。

① 1 + 4 + 3　　　② 6 + 1 + 1

③ 2 + 5 + 1　　　④ 1 + 2 + 6

⑤ 1 + 4 + 4　　　⑥ 1 + 2 + 5

⑦ 2 + 5 + 2　　　⑧ 5 + 2 + 3

⑨ 2 + 3 + 3　　　⑩ 1 + 1 + 6

⑪ 3 + 4 + 1　　　⑫ 4 + 1 + 3

⑬ 1 + 3 + 4　　　⑭ 2 + 2 + 5

⑮ 1 + 6 + 1　　　⑯ 5 + 1 + 3

⑰ 4 + 5 + 1　　　⑱ 4 + 2 + 2

⑲ 3 + 2 + 1　　　⑳ 1 + 3 + 6

べんきょうした日　　月　　日

33 3つのかずのたしざん②

りかい

▶▶▶ 答えはべっさつ5ページ

①～④：1問10点　⑤～⑧：1問15点

点数　　点

たしざんをしましょう。

① 4 ＋ 6 ＋ 4 ＝ □ ＋ 4 ＝ □
4と6をたす

② 3 ＋ 7 ＋ 1 ＝ □ ＋ 1 ＝ □
3と7をたす

③ 5 ＋ 5 ＋ 3 ＝ □ ＋ 3 ＝ □
5と5をたす

④ 2 ＋ 8 ＋ 6 ＝ □ ＋ 6 ＝ □
2と8をたす

⑤ 9 ＋ 1 ＋ 4 ＝ □ ＋ 4 ＝ □
9と1をたす

⑥ 8 ＋ 2 ＋ 2 ＝ □ ＋ 2 ＝ □
8と2をたす

⑦ 1 ＋ 9 ＋ 3 ＝ □ ＋ 3 ＝ □
1と9をたす

⑧ 5 ＋ 5 ＋ 5 ＝ □ ＋ 5 ＝ □
5と5をたす

べんきょうした日　　月　　日

34 3つのかずのたしざん②

▶▶▶ 答えはべっさつ5ページ

点数

1問5点

点

たしざんをしましょう。

① 6 ＋ 4 ＋ 5

② 4 ＋ 6 ＋ 1

③ 3 ＋ 7 ＋ 2

④ 6 ＋ 4 ＋ 6

⑤ 1 ＋ 9 ＋ 3

⑥ 2 ＋ 8 ＋ 5

⑦ 7 ＋ 3 ＋ 4

⑧ 5 ＋ 5 ＋ 6

⑨ 8 ＋ 2 ＋ 4

⑩ 1 ＋ 9 ＋ 5

⑪ 3 ＋ 7 ＋ 1

⑫ 6 ＋ 4 ＋ 1

⑬ 2 ＋ 8 ＋ 3

⑭ 9 ＋ 1 ＋ 2

⑮ 8 ＋ 2 ＋ 2

⑯ 6 ＋ 4 ＋ 3

⑰ 5 ＋ 5 ＋ 3

⑱ 4 ＋ 6 ＋ 4

⑲ 2 ＋ 8 ＋ 6

⑳ 3 ＋ 7 ＋ 4

3つのかずのたしざん②

答えはべっさつ5ページ

1問5点

点

たしざんをしましょう。

① 4＋6＋2

② 5＋5＋6

③ 1＋9＋4

④ 6＋4＋5

⑤ 8＋2＋3

⑥ 2＋8＋4

⑦ 4＋6＋1

⑧ 5＋5＋5

⑨ 9＋1＋5

ニガテ
⑩ 2＋8＋8

⑪ 3＋7＋5

⑫ 8＋2＋4

ニガテ
⑬ 1＋9＋9

⑭ 6＋4＋3

⑮ 4＋6＋5

ニガテ
⑯ 7＋3＋9

ニガテ
⑰ 2＋8＋9

⑱ 4＋6＋6

⑲ 5＋5＋4

⑳ 6＋4＋1

36 3つのかずのたしざん②

答えはべっさつ6ページ

点数

1問5点

点

たしざんをしましょう。

① 5 + 5 + 6

② 4 + 6 + 1

③ 1 + 9 + 3

④ 6 + 4 + 2

⑤ 2 + 8 + 6

ニガテ
⑥ 3 + 7 + 8

⑦ 2 + 8 + 3

⑧ 6 + 4 + 4

⑨ 3 + 7 + 5

ニガテ
⑩ 8 + 2 + 9

⑪ 1 + 9 + 5

⑫ 6 + 4 + 5

ニガテ
⑬ 7 + 3 + 7

ニガテ
⑭ 1 + 9 + 9

⑮ 6 + 4 + 6

⑯ 4 + 6 + 6

⑰ 5 + 5 + 3

⑱ 4 + 6 + 3

ニガテ
⑲ 2 + 8 + 8

ニガテ
⑳ 3 + 7 + 7

37 3つのかずのたしざん②

れんしゅう

答えはべっさつ6ページ

点数

1問5点

点

たしざんをしましょう。

① 5 + 5 + 4

ニガテ
② 2 + 8 + 7

③ 3 + 7 + 2

④ 7 + 3 + 1

⑤ 4 + 6 + 3

⑥ 1 + 9 + 2

ニガテ
⑦ 9 + 1 + 7

⑧ 6 + 4 + 2

⑨ 4 + 6 + 6

ニガテ
⑩ 2 + 8 + 9

⑪ 6 + 4 + 1

⑫ 7 + 3 + 2

ニガテ
⑬ 7 + 3 + 8

⑭ 2 + 8 + 1

⑮ 5 + 5 + 3

ニガテ
⑯ 8 + 2 + 9

⑰ 9 + 1 + 4

ニガテ
⑱ 3 + 7 + 8

ニガテ
⑲ 8 + 2 + 7

⑳ 6 + 4 + 3

38

3つのかずのたしざんのまとめ

あんごうゲーム

答えはべっさつ6ページ

つぎのたしざんをといて，こたえのすうじとおなじひらがなをあてはめましょう。

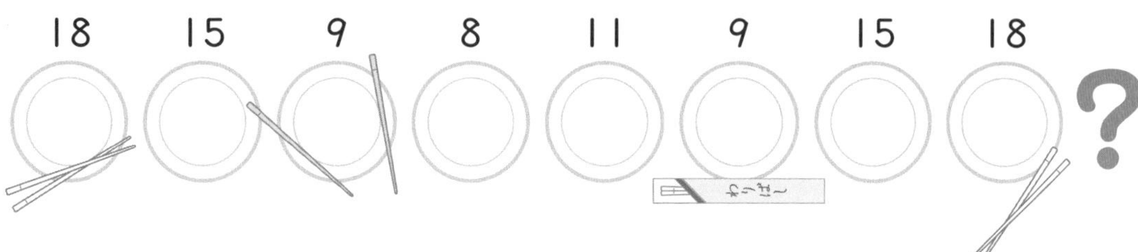

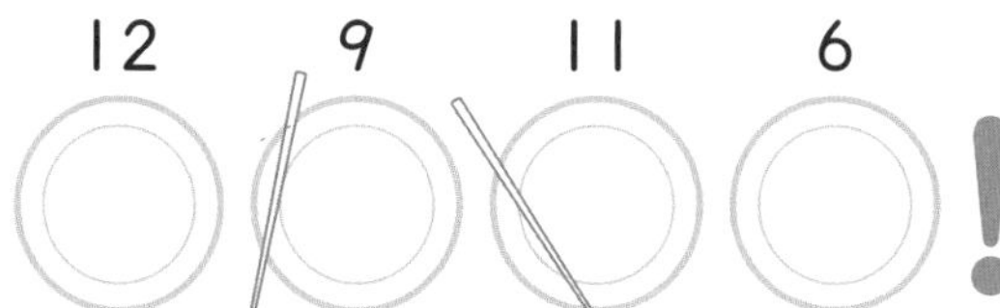

ま 3 + 7 + 2 = □

い 4 + 6 + 8 = □

た 3 + 2 + 4 = □

か 8 + 2 + 5 = □

よ 1 + 2 + 3 = □

へ 5 + 1 + 2 = □

゛ 9 + 1 + 1 = □

べんきょうした日　月　日

7，8，9のあるたしざん②

▶▶▶ 答えはべっさつ6ページ

①～④：1問10点　⑤～⑧：1問15点

たしざんをしましょう。

① 7 ＋ 3 ＋ 7 ＝ □ ＋ 7 ＝ □
（7と3をたす）

② 7 ＋ 3 ＋ 8 ＝ □ ＋ 8 ＝ □
（7と3をたす）

③ 2 ＋ 8 ＋ 9 ＝ □ ＋ 9 ＝ □
（2と8をたす）

④ 9 ＋ 1 ＋ 9 ＝ □ ＋ 9 ＝ □
（9と1をたす）

⑤ 1 ＋ 9 ＋ 7 ＝ □ ＋ 7 ＝ □
（1と9をたす）

⑥ 2 ＋ 8 ＋ 7 ＝ □ ＋ 7 ＝ □
（2と8をたす）

⑦ 3 ＋ 7 ＋ 8 ＝ □ ＋ 8 ＝ □
（3と7をたす）

⑧ 2 ＋ 8 ＋ 9 ＝ □ ＋ 9 ＝ □
（2と8をたす）

べんきょうした日　月　日

7，8，9のあるたしざん②

答えはべっさつ6ページ

1問5点

点

たしざんをしましょう。

① 2＋8＋7

② 7＋3＋8

③ 9＋1＋8

④ 3＋7＋9

⑤ 1＋9＋7

⑥ 4＋6＋9

⑦ 7＋3＋8

⑧ 8＋2＋9

⑨ 2＋8＋8

⑩ 1＋9＋9

⑪ 6＋4＋9

⑫ 5＋5＋9

⑬ 7＋3＋7

⑭ 3＋7＋8

⑮ 8＋2＋8

⑯ 9＋1＋9

⑰ 1＋9＋8

⑱ 8＋2＋7

⑲ 2＋8＋9

⑳ 5＋5＋8

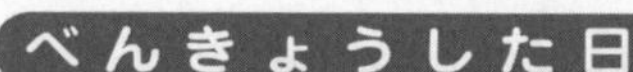

7，8，9のあるたしざん②

れんしゅう

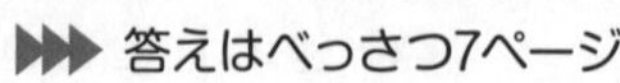

点数

1問5点

点

たしざんをしましょう。

① 8＋2＋8

② 7＋3＋8

③ 1＋9＋7

④ 4＋6＋7

⑤ 2＋8＋9

⑥ 1＋9＋9

⑦ 7＋3＋9

⑧ 6＋4＋8

⑨ 9＋1＋7

⑩ 2＋8＋8

⑪ 3＋7＋8

⑫ 6＋4＋9

⑬ 4＋6＋7

⑭ 3＋7＋7

⑮ 7＋3＋7

⑯ 8＋2＋9

⑰ 2＋8＋7

⑱ 3＋7＋9

⑲ 6＋4＋7

⑳ 8＋2＋7

42 3つのかずのたしざんのまとめ あんごうゲーム

答えはべっさつ7ページ

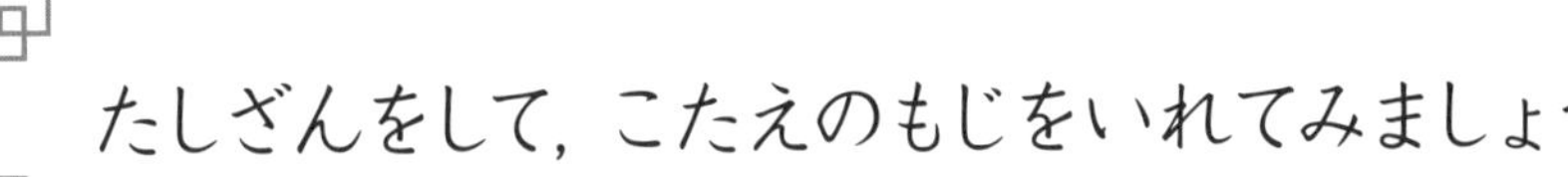

たしざんをして，こたえのもじをいれてみましょう。

こんど，

3＋7＋8＝　　6＋4＋5＝　　2＋8＋7＝　　1＋9＋9＝

をしてあそぼうよ！

7＋3＋1＝　　5＋5＋9＝　　8＋2＋6＝　　9＋1＋2＝

もいいね！

11	12	13	14	15
お	み	む	せ	や
16	17	18	19	20
が	と	あ	り	し

2けたと1けたのひきざん②

りかい

▶▶▶ 答えはべっさつ7ページ

点数

①〜④：1問15点　⑤〜⑥：1問20点

点

ひきざんをしましょう。

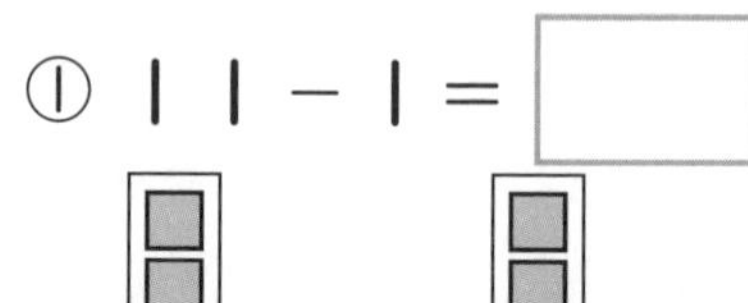

① １１ − １ ＝ □

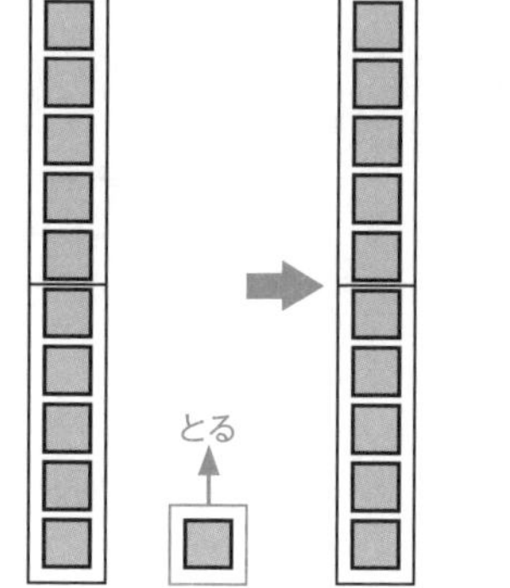

② １２ − ２ ＝ □

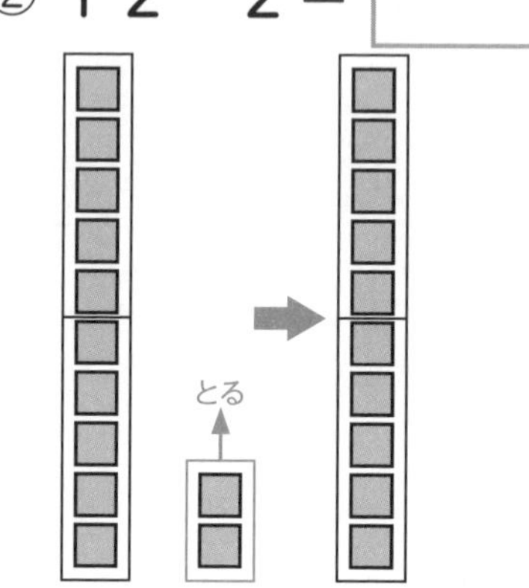

③ １４ − ４ ＝ □

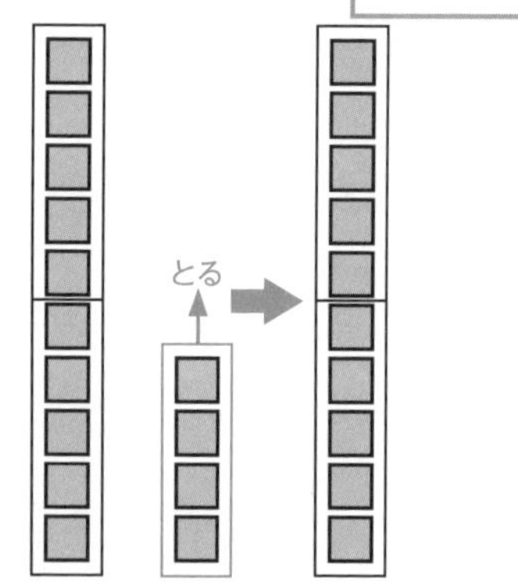

④ １５ − ５ ＝ □

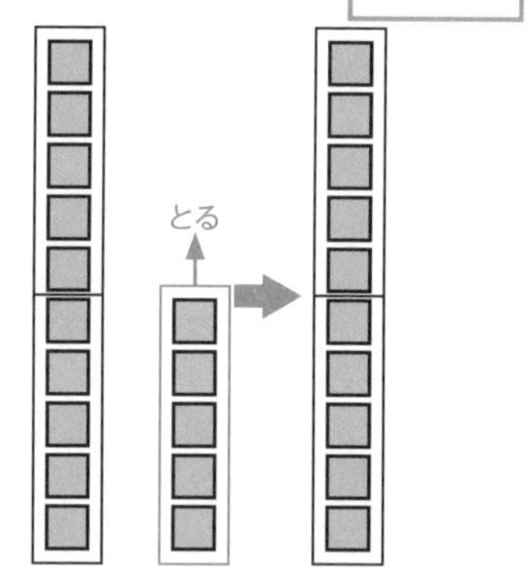

⑤ １７ − ７ ＝ □

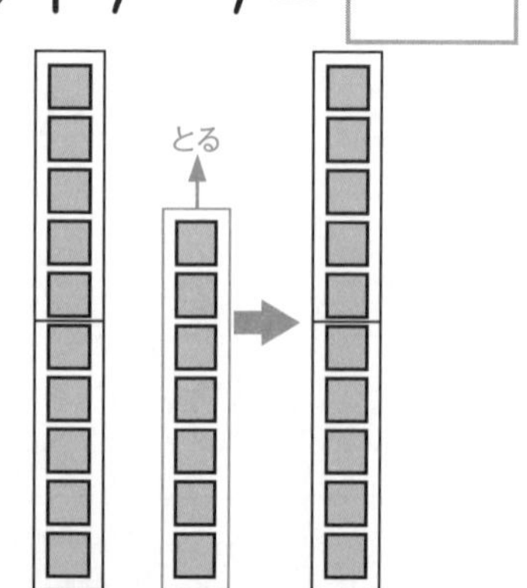

⑥ １８ − ８ ＝ □

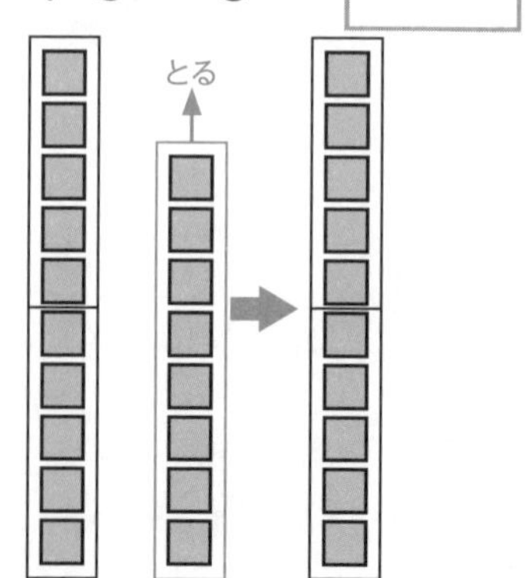

べんきょうした日　　月　　日

2けたと1けたのひきざん②

答えはべっさつ7ページ

1問5点

点

ひきざんをしましょう。

① 15 − 5

ニガテ
② 18 − 8

③ 14 − 4

④ 13 − 3

⑤ 11 − 1

⑥ 12 − 2

ニガテ
⑦ 17 − 7

⑧ 16 − 6

⑨ 19 − 9

⑩ 12 − 2

⑪ 14 − 4

⑫ 13 − 3

⑬ 11 − 1

⑭ 19 − 9

⑮ 12 − 2

⑯ 15 − 5

ニガテ
⑰ 18 − 8

⑱ 14 − 4

ニガテ
⑲ 17 − 7

⑳ 16 − 6

45 2けたと1けたのひきざん③

りかい

▶▶▶ 答えはべっさつ7ページ

点数　　点

①〜④：1問15点　⑤〜⑥：1問20点

ひきざんをしましょう。

① １４ − ２ ＝ □

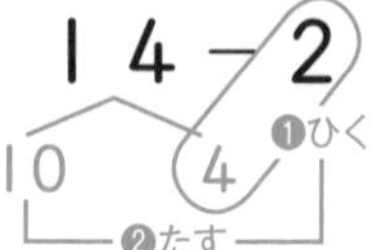

←14を，10と4にわける
❶ 4から2をひいて2
❷ 10と2で12

② １５ − ３ ＝ □

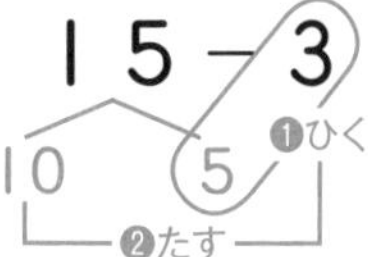

←15を，10と5にわける
❶ 5から3をひいて2
❷ 10と2で12

③ １６ − ３ ＝ □

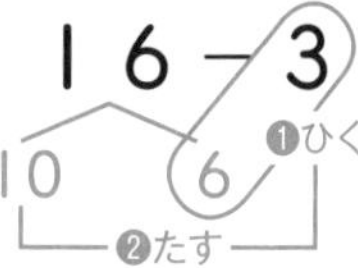

←16を，10と6にわける
❶ 6から3をひいて3
❷ 10と3で13

④ １７ − ３ ＝ □

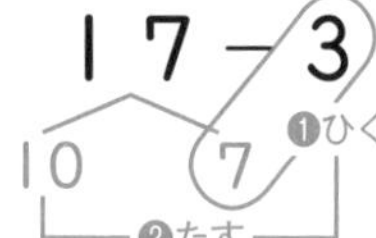

←17を，10と7にわける
❶ 7から3をひいて4
❷ 10と4で14

⑤ １７ − ５ ＝ □

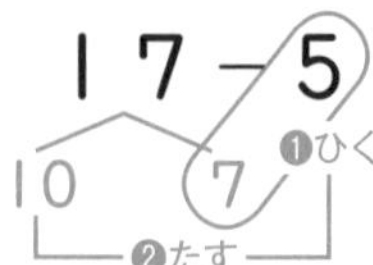

←17を，10と7にわける
❶ 7から5をひいて2
❷ 10と2で12

⑥ １８ − ２ ＝ □

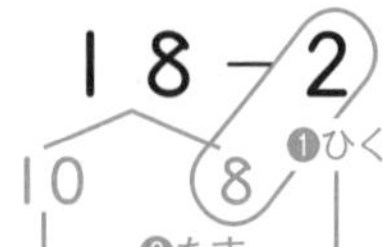

←18を，10と8にわける
❶ 8から2をひいて6
❷ 10と6で16

べんきょうした日  月 日

46 2けたと1けたのひきざん③

▶▶▶ 答えはべっさつ8ページ

1問5点

点

ひきざんをしましょう。

① 14－3　② 16－5

③ 17－6　④ 14－1

⑤ 16－2　⑥ 18－6

⑦ 16－1　⑧ 18－5

⑨ 16－3　⑩ 12－1

⑪ 15－4　⑫ 14－2

⑬ 15－3　⑭ 13－2

⑮ 17－2　⑯ 17－4

⑰ 15－1　⑱ 17－5

⑲ 19－5　⑳ 18－2

2けたと1けたのひきざん③

れんしゅう

▶▶▶ 答えはべっさつ8ページ

1問5点

点

ひきざんをしましょう。

① １３－１　　② １７－５

③ １７－４　　④ １８－６

⑤ １４－３　　⑥ １３－２

⑦ １５－２　　⑧ １５－４

⑨ １６－４　　⑩ １９－５

⑪ １８－１　　⑫ １９－１

⑬ １５－３　　⑭ １６－３

⑮ １８－５　　⑯ １７－３

⑰ １６－５　　⑱ １９－３

⑲ １７－６　　⑳ １９－４

2けたと1けたのひきざん③

答えはべっさつ8ページ

1問5点

点数　　点

ひきざんをしましょう。

① 16－2　② 19－1

③ 18－5　④ 13－1

⑤ 18－6　⑥ 14－2

⑦ 14－1　⑧ 15－3

⑨ 19－5　⑩ 18－3

⑪ 16－3　⑫ 18－4

⑬ 13－2　⑭ 14－3

⑮ 15－2　⑯ 16－5

⑰ 15－4　⑱ 19－6

⑲ 17－5　⑳ 19－4

べんきょうした日　月　日

2けたと1けたのひきざん④

りかい

▶▶▶ 答えはべっさつ8ページ

点数　　点

①〜④：1問15点　⑤〜⑥：1問20点

ひきざんをしましょう。

① 11 − 2 = □

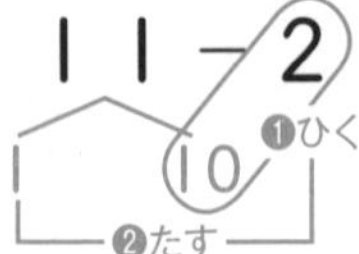

←11を，10と1にわける
❶10から2をひいて8
❷1と8で9

② 11 − 3 = □

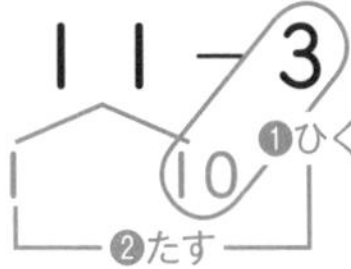

←11を，10と1にわける
❶10から3をひいて7
❷1と7で8

③ 12 − 6 = □

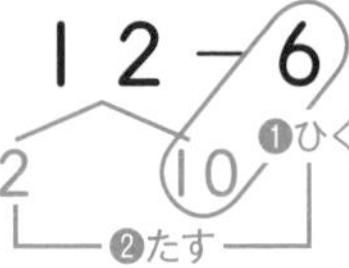

←12を，10と2にわける
❶10から6をひいて4
❷2と4で6

④ 13 − 6 = □

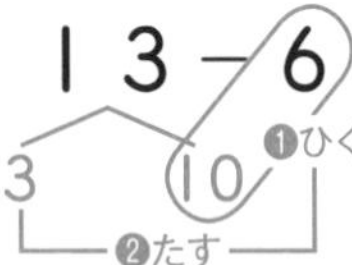

←13を，10と3にわける
❶10から6をひいて4
❷3と4で7

⑤ 14 − 5 = □

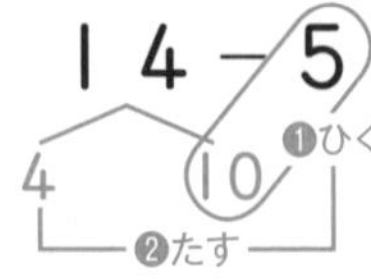

←14を，10と4にわける
❶10から5をひいて5
❷4と5で9

⑥ 15 − 6 = □

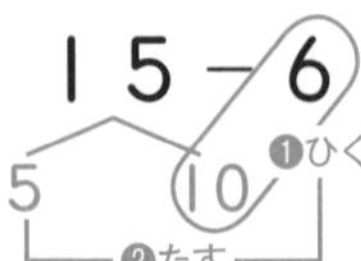

←15を，10と5にわける
❶10から6をひいて4
❷5と4で9

べんきょうした日  月 日

2けたと1けたのひきざん④

答えはべっさつ8ページ

1問5点

点

ひきざんをしましょう。

① 13－5

② 14－5

③ 13－6

④ 11－2

ニガテ
⑤ 16－7

⑥ 15－6

⑦ 12－5

⑧ 13－4

ニガテ
⑨ 16－8

⑩ 12－3

ニガテ
⑪ 17－8

⑫ 14－6

ニガテ
⑬ 15－7

ニガテ
⑭ 14－8

⑮ 12－6

ニガテ
⑯ 14－7

ニガテ
⑰ 15－8

ニガテ
⑱ 11－8

⑲ 12－4

ニガテ
⑳ 11－7

51 2けたと1けたのひきざん④

れんしゅう

答えはべっさつ8ページ

点数

1問5点

点

ひきざんをしましょう。

① 13－5

ニガテ
② 17－8

③ 14－5

④ 11－6

⑤ 12－3

⑥ 14－6

⑦ 12－5

ニガテ
⑧ 11－8

⑨ 13－6

⑩ 12－4

ニガテ
⑪ 16－7

ニガテ
⑫ 15－8

ニガテ
⑬ 14－8

⑭ 13－4

⑮ 11－2

⑯ 15－6

ニガテ
⑰ 14－7

ニガテ
⑱ 13－8

⑲ 11－6

ニガテ
⑳ 12－8

べんきょうした日　　月　　日

2けたと1けたのひきざん④

▶▶▶ 答えはべっさつ8ページ

1問5点

点

ひきざんをしましょう。

① 12 − 6

ニガテ
② 17 − 8

③ 11 − 5

④ 13 − 6

ニガテ
⑤ 16 − 7

⑥ 14 − 5

⑦ 11 − 2

⑧ 14 − 6

⑨ 12 − 5

ニガテ
⑩ 13 − 8

ニガテ
⑪ 16 − 8

ニガテ
⑫ 14 − 7

⑬ 13 − 5

ニガテ
⑭ 14 − 8

⑮ 12 − 3

ニガテ
⑯ 11 − 8

⑰ 15 − 6

ニガテ
⑱ 15 − 8

⑲ 11 − 4

⑳ 12 − 4

7，8のあるひきざん①

▶▶▶ 答えはべっさつ9ページ

①〜④：1問15点　⑤〜⑥：1問20点

ひきざんをしましょう。

① 19 − 7 = □

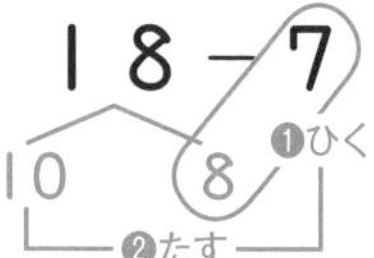

←19を，10と9にわける
❶ 9から7をひいて2
❷ 10と2で12

② 18 − 7 = □

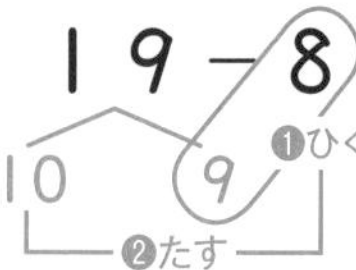

←18を，10と8にわける
❶ 8から7をひいて1
❷ 10と1で11

③ 19 − 8 = □

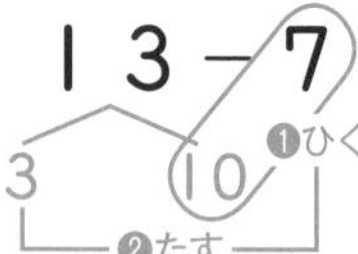

←19を，10と9にわける
❶ 9から8をひいて1
❷ 10と1で11

④ 13 − 7 = □

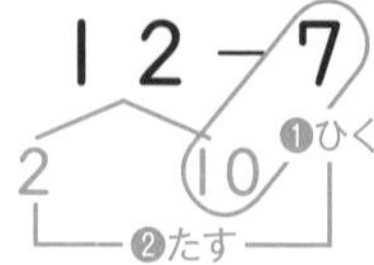

←13を，10と3にわける
❶ 10から7をひいて3
❷ 3と3で6

⑤ 12 − 7 = □

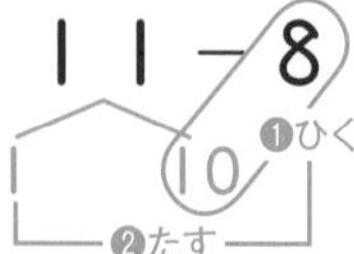

←12を，10と2にわける
❶ 10から7をひいて3
❷ 2と3で5

⑥ 11 − 8 = □

11 − 8
1　10
❶ひく
❷たす

←11を，10と1にわける
❶ 10から8をひいて2
❷ 1と2で3

べんきょうした日　　月　　日

7，8のあるひきざん①

れんしゅう

答えはべっさつ9ページ

1問5点

点

ひきざんをしましょう。

① 13－7

② 14－8

③ 13－8

④ 11－7

⑤ 16－7

⑥ 15－8

⑦ 12－8

⑧ 11－8

⑨ 16－8

⑩ 18－8

⑪ 17－8

⑫ 14－7

⑬ 15－7

⑭ 12－7

⑮ 19－7

⑯ 17－7

⑰ 18－7

⑱ 19－8

⑲ 12－7

⑳ 11－8

べんきょうした日　月　日

55 7，8のあるひきざん①

れんしゅう

▶▶▶ 答えはべっさつ9ページ

点数

1問5点

点

ひきざんをしましょう。

① 13－7　② 18－8

③ 16－8　④ 11－7

⑤ 12－7　⑥ 17－7

⑦ 17－8　⑧ 19－8

⑨ 15－7　⑩ 12－8

⑪ 16－7　⑫ 15－8

⑬ 14－8　⑭ 18－7

⑮ 11－8　⑯ 15－7

⑰ 14－7　⑱ 13－8

⑲ 12－7　⑳ 19－8

ひきざんのまとめ

ジグソーパズル

答えはべっさつ9ページ

こたえが9になるところにいろをぬりましょう。

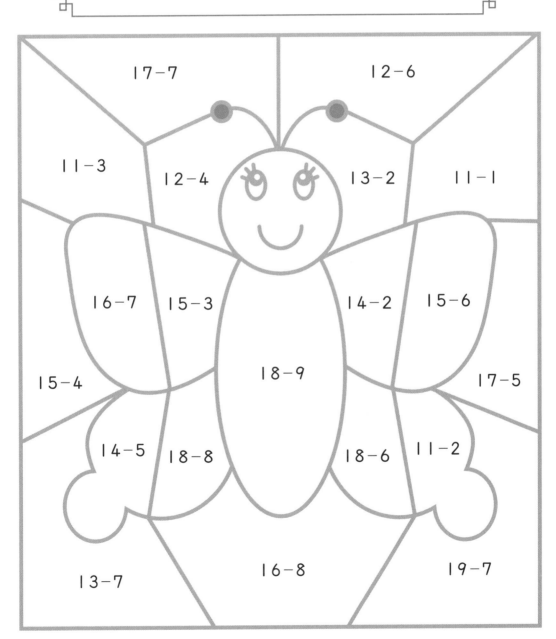

17−7　12−6

11−3　12−4　13−2　11−1

16−7　15−3　14−2　15−6

15−4　18−9　17−5

14−5　18−8　18−6　11−2

13−7　16−8　19−7

57 3つのかずのひきざん①

りかい

▶▶▶ 答えはべっさつ9ページ

点数

①～④：1問10点　⑤～⑧：1問15点

点

ひきざんをしましょう。

① 8 − 3 − 1 = □ − 1 = □
8から3をひく

② 5 − 1 − 2 = □ − 2 = □
5から1をひく

③ 6 − 3 − 1 = □ − 1 = □
6から3をひく

④ 5 − 2 − 1 = □ − 1 = □
5から2をひく

⑤ 9 − 4 − 3 = □ − 3 = □
9から4をひく

⑥ 7 − 3 − 2 = □ − 2 = □
7から3をひく

⑦ 6 − 4 − 1 = □ − 1 = □
6から4をひく

⑧ 9 − 3 − 5 = □ − 5 = □
9から3をひく

58 3つのかずのひきざん①

▶▶▶ 答えはべっさつ9ページ

1問5点

点

ひきざんをしましょう。

① 5 − 2 − 1

② 4 − 1 − 1

③ 8 − 4 − 3

④ 4 − 2 − 1

⑤ 6 − 2 − 3

⑥ 5 − 2 − 2

⑦ 7 − 4 − 2

⑧ 5 − 1 − 2

⑨ 6 − 1 − 3

⑩ 5 − 1 − 3

⑪ 6 − 3 − 1

⑫ 7 − 3 − 1

⑬ 6 − 3 − 2

⑭ 6 − 2 − 2

⑮ 5 − 3 − 1

⑯ 6 − 2 − 1

⑰ 7 − 1 − 2

⑱ 4 − 2 − 1

⑲ 8 − 3 − 2

⑳ 6 − 1 − 2

べんきょうした日　月　日

59 3つのかずのひきざん①

れんしゅう

▶▶▶ 答えはべっさつ10ページ

1問5点

点

ひきざんをしましょう。

① 8 − 4 − 2　　② 6 − 3 − 1

③ 7 − 1 − 5　　④ 6 − 2 − 1

⑤ 9 − 5 − 3　　⑥ 8 − 5 − 2

⑦ 7 − 3 − 1　　⑧ 5 − 1 − 2

⑨ 9 − 3 − 4　　⑩ 8 − 3 − 3

⑪ 9 − 3 − 3　　⑫ 6 − 2 − 2

⑬ 9 − 3 − 5　　⑭ 7 − 2 − 3

⑮ 7 − 4 − 1　　⑯ 8 − 3 − 2

⑰ 9 − 4 − 3　　⑱ 5 − 1 − 3

⑲ 7 − 4 − 2　　⑳ 9 − 4 − 4

べんきょうした日　　月　　日

3つのかずのひきざん①

▶▶▶ 答えはべっさつ10ページ

1問5点

点

ひきざんをしましょう。

① 6 − 1 − 1　　② 5 − 3 − 1

③ 9 − 3 − 2　　④ 5 − 2 − 1

⑤ 9 − 5 − 2　　⑥ 8 − 3 − 4

⑦ 7 − 2 − 3　　⑧ 5 − 1 − 3

⑨ 8 − 4 − 2　　⑩ 9 − 2 − 5

⑪ 8 − 2 − 3　　⑫ 6 − 3 − 2

⑬ 9 − 3 − 4　　⑭ 9 − 4 − 2

⑮ 5 − 1 − 2　　⑯ 8 − 3 − 2

⑰ 7 − 3 − 3　　⑱ 8 − 1 − 4

⑲ 9 − 4 − 1　　⑳ 8 − 2 − 4

月　日

61 3つのかずのひきざん①

れんしゅう

▶▶▶ 答えはべっさつ10ページ

1問5点

点

ひきざんをしましょう。

① 8 − 5 − 1　　② 7 − 1 − 4

③ 6 − 3 − 2　　④ 9 − 3 − 4

⑤ 8 − 1 − 3　　⑥ 6 − 1 − 4

⑦ 9 − 4 − 1　　⑧ 6 − 2 − 1

⑨ 7 − 3 − 3　　⑩ 8 − 2 − 5

⑪ 6 − 2 − 2　　⑫ 5 − 2 − 2

⑬ 9 − 3 − 3　　⑭ 8 − 6 − 1

⑮ 7 − 3 − 2　　⑯ 4 − 2 − 1

⑰ 8 − 3 − 4　　⑱ 9 − 3 − 2

⑲ 7 − 4 − 1　　⑳ 8 − 3 − 3

べんきょうした日　月　　日

62 3つのかずのひきざん①

れんしゅう

▶▶▶ 答えはべっさつ10ページ

1問5点

点

ひきざんをしましょう。

① 5 − 2 − 1　　② 6 − 2 − 1

③ 7 − 5 − 1　　④ 9 − 1 − 6

⑤ 9 − 4 − 4　　⑥ 8 − 2 − 3

⑦ 8 − 5 − 1　　⑧ 6 − 2 − 3

⑨ 9 − 3 − 4　　⑩ 9 − 1 − 5

⑪ 7 − 4 − 2　　⑫ 5 − 1 − 3

⑬ 9 − 1 − 4　　⑭ 9 − 2 − 3

⑮ 8 − 6 − 1　　⑯ 5 − 1 − 2

⑰ 9 − 5 − 1　　⑱ 9 − 1 − 3

⑲ 8 − 2 − 5　　⑳ 7 − 3 − 3

63 3つのかずのひきざん②

りかい

▶▶▶ 答えはべっさつ10ページ

①～④：1問10点　⑤～⑧：1問15点

点数　　点

ひきざんをしましょう。

① 16 − 6 − 1 = □ − 1 = □
　16 から 6 をひく

② 16 − 6 − 3 = □ − 3 = □
　16 から 6 をひく

③ 13 − 3 − 6 = □ − 6 = □
　13 から 3 をひく

④ 14 − 4 − 6 = □ − 6 = □
　14 から 4 をひく

⑤ 15 − 5 − 6 = □ − 6 = □
　15 から 5 をひく

⑥ 12 − 2 − 3 = □ − 3 = □
　12 から 2 をひく

⑦ 11 − 1 − 5 = □ − 5 = □
　11 から 1 をひく

⑧ 12 − 2 − 5 = □ − 5 = □
　12から2をひく

べんきょうした日　　月　　日

64 3つのかずのひきざん②

答えはべっさつ10ページ

1問5点

点

ひきざんをしましょう。

① 15－5－1　　② 12－2－1

③ 13－3－3　　④ 14－4－5

⑤ 16－6－2　　⑥ 15－5－5

⑦ 14－4－6　　⑧ 11－1－4

⑨ 16－6－3　　⑩ 15－5－4

⑪ 16－6－5　　⑫ 15－5－2

⑬ 16－6－1　　⑭ 12－2－2

⑮ 13－3－6　　⑯ 11－1－3

⑰ 12－2－4　　⑱ 14－4－1

⑲ 11－1－2　　⑳ 12－2－3

べんきょうした日　　月　　日

65 3つのかずのひきざん②

れんしゅう

▶▶▶ 答えはべっさつ11ページ

点数

1問5点

点

ひきざんをしましょう。

① 14－4－3

② 16－6－7 ニガテ

③ 17－7－5

④ 12－2－5

⑤ 15－5－5

⑥ 18－8－2

⑦ 13－3－8 ニガテ

⑧ 18－8－4

⑨ 11－1－4

⑩ 14－4－8 ニガテ

⑪ 19－9－3

⑫ 16－6－9

⑬ 13－3－5

⑭ 17－7－7 ニガテ

⑮ 12－2－6

⑯ 19－9－2

⑰ 15－5－8 ニガテ

⑱ 11－1－7 ニガテ

⑲ 14－4－5

⑳ 19－9－4

66 3つのかずのひきざん②

れんしゅう

▶▶▶ 答えはべっさつ11ページ

点数　1問5点　点

ひきざんをしましょう。

① 11－1－1

② 15－5－1

③ 19－9－2

ニガテ ④ 14－4－7

ニガテ ⑤ 15－5－7

⑥ 13－3－5

⑦ 17－7－3

⑧ 11－1－6

⑨ 16－6－2

⑩ 14－4－5

⑪ 18－8－3

ニガテ ⑫ 13－3－7

⑬ 13－3－4

⑭ 18－8－2

ニガテ ⑮ 11－1－8

⑯ 13－3－9

⑰ 12－2－4

⑱ 11－1－4

⑲ 19－9－9

⑳ 12－2－3

3つのかずのひきざん②

れんしゅう

▶▶▶ 答えはべっさつ11ページ

1問5点

点数　　点

ひきざんをしましょう。

① 15－5－1

② 17－7－4

ニガテ ③ 12－2－8

④ 19－9－4

⑤ 18－8－2

ニガテ ⑥ 11－1－7

⑦ 14－4－1

⑧ 12－2－5

⑨ 13－3－4

ニガテ ⑩ 13－3－7

⑪ 12－2－9

⑫ 14－4－3

⑬ 13－3－6

⑭ 16－6－1

ニガテ ⑮ 15－5－7

⑯ 12－2－4

⑰ 18－8－4

⑱ 15－5－5

⑲ 17－7－1

ニガテ ⑳ 18－8－7

68

3つのかずのひきざんのまとめ

ジグソーパズル

答えはべっさつ11ページ

こたえが4になるところにいろをぬりましょう。

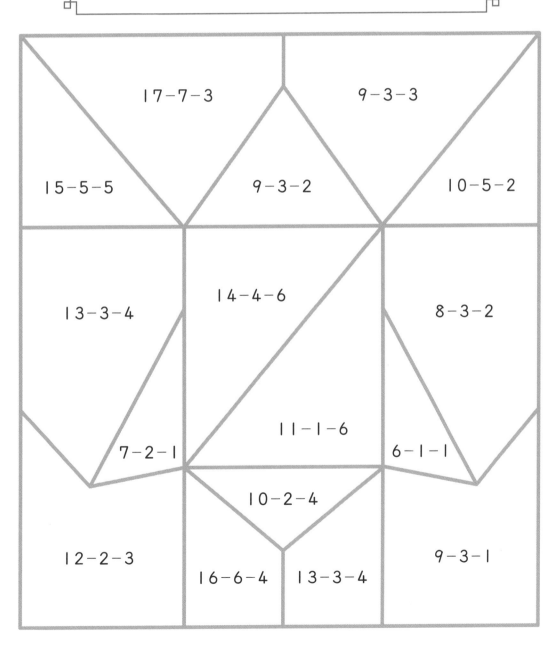

17−7−3

9−3−3

15−5−5

9−3−2

10−5−2

13−3−4

14−4−6

8−3−2

11−1−6

7−2−1

6−1−1

10−2−4

12−2−3

9−3−1

16−6−4

13−3−4

べんきょうした日　　月　　日

69 7，8のあるひきざん②

▶▶▶ 答えはべっさつ11ページ

①〜④：1問10点　⑤〜⑧：1問15点

ひきざんをしましょう。

① 11 − 1 − 7 = □ − 7 = □
（11 から 1 をひく）

② 12 − 2 − 7 = □ − 7 = □
（12 から 2 をひく）

③ 12 − 2 − 8 = □ − 8 = □
（12 から 2 をひく）

④ 13 − 3 − 8 = □ − 8 = □
（13 から 3 をひく）

⑤ 14 − 4 − 7 = □ − 7 = □
（14 から 4 をひく）

⑥ 14 − 4 − 8 = □ − 8 = □
（14から4をひく）

⑦ 15 − 5 − 7 = □ − 7 = □
（15 から 5 をひく）

⑧ 15 − 5 − 8 = □ − 8 = □
（15から5をひく）

7，8のあるひきざん②

答えはべっさつ12ページ

1問5点

点

ひきざんをしましょう。

① 15－5－7　　② 12－2－8

③ 18－8－8　　④ 14－4－7

⑤ 12－2－7　　⑥ 14－4－8

⑦ 16－6－7　　⑧ 11－1－7

⑨ 16－6－8　　⑩ 15－5－8

⑪ 19－9－7　　⑫ 17－7－7

⑬ 11－1－8　　⑭ 13－3－8

⑮ 13－3－7　　⑯ 19－9－8

⑰ 18－8－7　　⑱ 17－7－8

⑲ 15－5－7　　⑳ 12－2－7

7，8のあるひきざん②

れんしゅう

▶▶▶ 答えはべっさつ12ページ

1問5点

点

ひきざんをしましょう。

① 14－4－8　　② 16－6－7

③ 17－7－8　　④ 12－2－8

⑤ 15－5－7　　⑥ 18－8－7

⑦ 13－3－8　　⑧ 18－8－8

⑨ 11－1－7　　⑩ 12－2－7

⑪ 19－9－7　　⑫ 16－6－8

⑬ 13－3－7　　⑭ 17－7－7

⑮ 14－4－7　　⑯ 19－9－8

⑰ 15－5－8　　⑱ 11－1－8

⑲ 14－4－8　　⑳ 19－9－7

べんきょうした日　月　日

72 7，8のあるひきざん②

答えはべっさつ12ページ

1問5点

点

ひきざんをしましょう。

① 11－1－7

② 15－5－8

③ 19－9－8

④ 14－4－7

⑤ 15－5－7

⑥ 13－3－7

⑦ 17－7－7

⑧ 11－1－8

⑨ 19－9－7

⑩ 14－4－8

⑪ 18－8－7

⑫ 13－3－8

⑬ 17－7－8

⑭ 16－6－8

⑮ 13－3－8

⑯ 16－6－7

⑰ 12－2－7

⑱ 18－8－8

⑲ 17－7－7

⑳ 12－2－8

73 3つのかずのたしざん・ひきざん　りかい

答えはべっさつ12ページ

①〜④：1問10点　⑤〜⑧：1問15点

点数　　点

けいさんをしましょう。

① 12 − 2 + 2 = □ + 2 = □
（12から2をひく）

② 11 − 1 + 6 = □ + 6 = □
（11から1をひく）

③ 14 − 4 + 6 = □ + 6 = □
（14から4をひく）

④ 13 − 3 + 1 = □ + 1 = □
（13から3をひく）

⑤ 17 − 7 + 4 = □ + 4 = □
（17から7をひく）

⑥ 16 − 6 + 5 = □ + 5 = □
（16から6をひく）

⑦ 15 − 5 + 2 = □ + 2 = □
（15から5をひく）

⑧ 10 − 8 + 1 = □ + 1 = □
（10から8をひく）

74 3つのかずのたしざん・ひきざん れんしゅう

▶▶▶ 答えはべっさつ12ページ

点数

1問5点

点

けいさんをしましょう。

① 16－6＋1

② 13－3＋5

ニガテ
③ 17－7＋3

ニガテ
④ 11－1＋8

⑤ 12－2＋2

ニガテ
⑥ 17－7＋4

⑦ 14－4＋1

ニガテ
⑧ 18－8＋4

⑨ 19－9＋2

ニガテ
⑩ 15－5＋7

ニガテ
⑪ 11－1＋9

ニガテ
⑫ 14－4＋9

ニガテ
⑬ 13－3＋7

ニガテ
⑭ 12－2＋8

ニガテ
⑮ 13－3＋9

⑯ 13－3＋3

ニガテ
⑰ 15－5＋8

ニガテ
⑱ 14－4＋7

ニガテ
⑲ 10－8＋7

⑳ 10－9＋3

75 3つのかずのたしざん・ひきざん れんしゅう

答えはべっさつ12ページ

点数

1問5点

点

けいさんをしましょう。

① 13 − 3 + 3

ニガテ ② 15 − 5 + 8

③ 14 − 4 + 3

④ 19 − 9 + 4

ニガテ ⑤ 11 − 1 + 7

⑥ 15 − 5 + 2

ニガテ ⑦ 18 − 8 + 1

ニガテ ⑧ 18 − 8 + 9

ニガテ ⑨ 14 − 4 + 7

ニガテ ⑩ 13 − 3 + 7

⑪ 19 − 9 + 1

ニガテ ⑫ 17 − 7 + 7

⑬ 15 − 5 + 3

ニガテ ⑭ 16 − 6 + 9

ニガテ ⑮ 12 − 2 + 8

ニガテ ⑯ 19 − 9 + 7

ニガテ ⑰ 13 − 3 + 8

ニガテ ⑱ 12 − 2 + 7

⑲ 10 − 3 + 2

⑳ 10 − 9 + 5

べんきょうした日  月 日

76 3つのかずのたしざん・ひきざん れんしゅう

答えはべっさつ13ページ

1問5点

点

けいさんをしましょう。

① 13－3＋5

② 16－6＋2

ニガテ
③ 19－9＋7

ニガテ
④ 15－5＋8

ニガテ
⑤ 14－4＋9

⑥ 12－2＋5

ニガテ
⑦ 17－7＋4

⑧ 13－3＋6

⑨ 19－9＋4

ニガテ
⑩ 17－7＋3

ニガテ
⑪ 18－8＋7

ニガテ
⑫ 15－5＋9

⑬ 19－9＋2

⑭ 14－4＋1

⑮ 11－1＋5

ニガテ
⑯ 16－6＋7

⑰ 13－3＋4

ニガテ
⑱ 12－2＋8

ニガテ
⑲ 10－8＋3

⑳ 10－9＋6

3つのかずのたしざん・ひきざん れんしゅう

▶▶▶ 答えはべっさつ13ページ

1問5点

点

けいさんをしましょう。

① 13－3＋6

ニガテ ② 18－8＋7

ニガテ ③ 16－6＋9

④ 19－9＋2

ニガテ ⑤ 17－7＋3

⑥ 11－1＋5

ニガテ ⑦ 18－8＋1

ニガテ ⑧ 17－7＋9

⑨ 11－1＋4

⑩ 16－6＋5

ニガテ ⑪ 13－3＋7

ニガテ ⑫ 15－5＋7

ニガテ ⑬ 14－4＋9

⑭ 15－5＋1

ニガテ ⑮ 12－2＋8

ニガテ ⑯ 11－1＋9

ニガテ ⑰ 14－4＋7

ニガテ ⑱ 12－2＋7

⑲ 10－9＋2

⑳ 10－6＋1

べんきょうした日  月 日

78

3つのかずのたしざん・ひきざんのまとめ

かずあてゲーム

答えはべっさつ13ページ

どんぐりをなんこひろったでしょう。
こたえとおなじかずをぬりましょう。

16 − 6 − 1 =

13 − 3 − 7 =

12 − 2 + 4 =

11 − 1 − 9 =

17 − 7 + 2 =

14 − 4 − 8 =

19 − 9 + 1 =

18 − 8 − 2 =

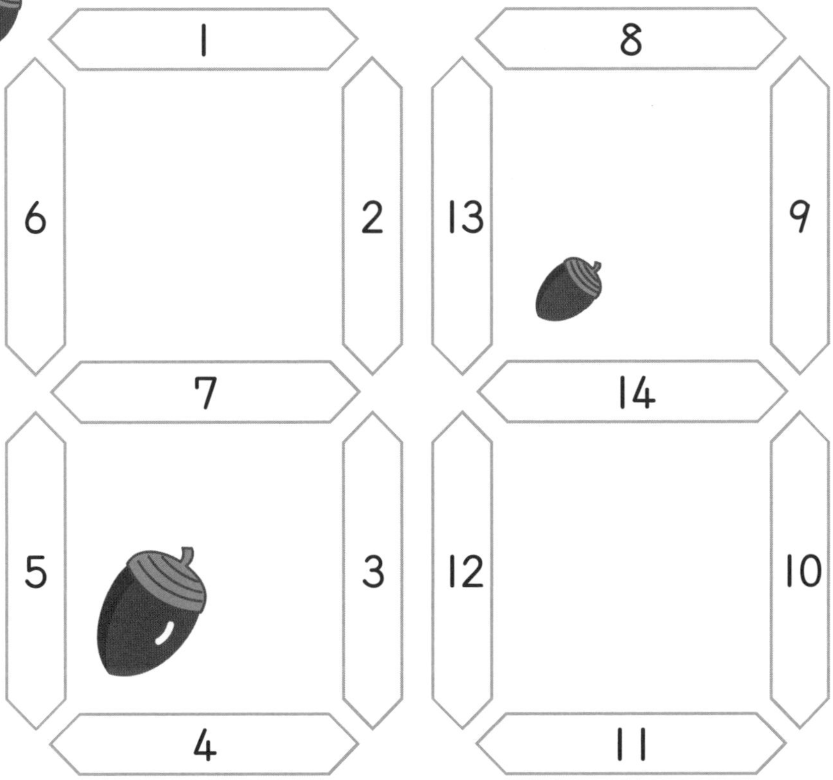

1 6 2 7 5 3 4

8 13 9 14 12 10 11

こ

べんきょうした日　　月　　日

79 なん十のたしざん

▶▶▶ 答えはべっさつ13ページ

①～④：1問10点　⑤～⑧：1問15点

たしざんをしましょう。

① 20＋30＝□

10 10　10 10 10 ← 10のたば2つと，10のたば3つをたす

② 20＋10＝□

10 10　10 ← 10のたば2つと，10のたば1つをたす

③ 20＋20＝□

10 10　10 10 ← 10のたば2つと，10のたば2つをたす

④ 40＋10＝□

10 10 10 10　10 ← 10のたば4つと，10のたば1つをたす

⑤ 50＋10＝□

10 10 10 10 10　10 ← 10のたば5つと，10のたば1つをたす

⑥ 60＋10＝□

10 10 10 10 10 10　10 ← 10のたば6つと，10のたば1つをたす

⑦ 50＋40＝□

10 10 10 10 10　10 10 10 10 ← 10のたば5つと，10のたば4つをたす

⑧ 30＋70＝□

10 10 10　10 10 10 10 10 10 10 ← 10のたば3つと，10のたば7つをたす

べんきょうした日　　月　　日

なん十のたしざん

答えはべっさつ13ページ

1問5点

点

たしざんをしましょう。

① 40＋30　　② 10＋50

③ 50＋10　　④ 60＋20

⑤ 40＋60　　⑥ 30＋50

⑦ 80＋20　　⑧ 70＋20

⑨ 60＋10　　⑩ 10＋90

⑪ 20＋60　　⑫ 40＋50

⑬ 20＋80　　⑭ 10＋70

⑮ 70＋30　　⑯ 20＋50

⑰ 50＋20　　⑱ 80＋10

⑲ 40＋40　　⑳ 20＋70

べんきょうした日　　月　　日

81 なん十のひきざん

りかい

答えはべっさつ14ページ

①～④：1問10点　⑤～⑧：1問15点

ひきざんをしましょう。

① 70 − 30 = □

10 10 10 10 10 10 10 →とる　←10のたば7つから，10のたば3つをひく

② 70 − 40 = □

10 10 10 10 10 10 10 →とる　←10のたば7つから，10のたば4つをひく

③ 70 − 20 = □

10 10 10 10 10 10 10 →とる　←10のたば7つから，10のたば2つをひく

④ 40 − 10 = □

10 10 10 10 →とる　←10のたば4つから，10のたば1つをひく

⑤ 50 − 10 = □

10 10 10 10 10 →とる　←10のたば5つから，10のたば1つをひく

⑥ 80 − 10 = □

10 10 10 10 10 10 10 10 →とる　←10のたば8つから，10のたば1つをひく

⑦ 30 − 20 = □

10 10 10 →とる　←10のたば3つから，10のたば2つをひく

⑧ 100 − 40 = □

10 10 10 10 10 10 10 10 10 10 →とる　←10のたば10こから，10のたば4つをひく

なん十のひきざん

▶▶▶ 答えはべっさつ14ページ

1問5点

点

ひきざんをしましょう。

① 50－20　　② 70－60

③ 40－20　　④ 80－20

⑤ 100－60　　⑥ 20－10

⑦ 80－50　　⑧ 90－20

⑨ 40－30　　⑩ 100－90

⑪ 80－40　　⑫ 50－40

⑬ 70－20　　⑭ 100－70

⑮ 60－50　　⑯ 80－60

⑰ 90－70　　⑱ 100－10

⑲ 100－40　　⑳ 100－30

べんきょうした日  月　　日

83 2けたと1けたのたしざん③

りかい

▶▶▶ 答えはべっさつ14ページ

①〜④：1問15点　⑤〜⑥：1問20点

たしざんをしましょう。

① 2 2 + 1 = ☐

2 2 + 1
20 2 ❶たす ❷たす

←22を，20と2にわける
❶2に1をたして3
❷20と3で23

② 2 2 + 3 = ☐

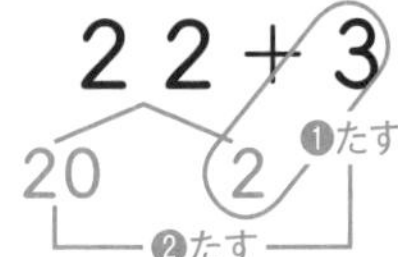

←22を，20と2にわける
❶2に3をたして5
❷20と5で25

③ 3 2 + 4 = ☐

3 2 + 4
30 2 ❶たす ❷たす

←32を，30と2にわける
❶2に4をたして6
❷30と6で36

④ 4 5 + 4 = ☐

4 5 + 4
40 5 ❶たす ❷たす

←45を，40と5にわける
❶5に4をたして9
❷40と9で49

⑤ 4 2 + 5 = ☐

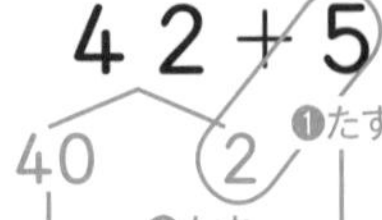

←42を，40と2にわける
❶2に5をたして7
❷40と7で47

⑥ 5 1 + 6 = ☐

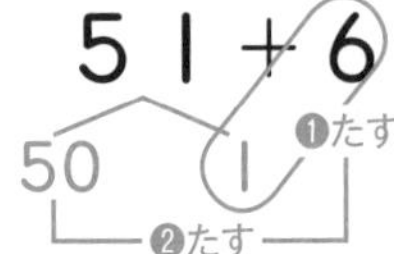

←51を，50と1にわける
❶1に6をたして7
❷50と7で57

2けたと1けたのたしざん③

▶▶▶ 答えはべっさつ14ページ

1問5点

点

たしざんをしましょう。

① 25＋2

② 30＋5

③ 26＋3

④ 38＋1

⑤ 42＋7

⑥ 46＋2

⑦ 35＋3

⑧ 54＋5

⑨ 64＋2

⑩ 32＋7

⑪ 47＋1

⑫ 22＋5

⑬ 56＋3

⑭ 40＋4

⑮ 52＋4

⑯ 21＋8

⑰ 35＋3

⑱ 50＋2

⑲ 34＋5

⑳ 66＋3

べんきょうした日　　月　　日

2けたと1けたのたしざん③

▶▶▶ 答えはべっさつ14ページ

1問5点

点

たしざんをしましょう。

① 26＋2　　② 67＋2

③ 74＋5　　④ 32＋5

⑤ 20＋6　　⑥ 43＋6

⑦ 31＋7　　⑧ 65＋4

⑨ 22＋7　　⑩ 84＋2

⑪ 68＋1　　⑫ 54＋3

⑬ 50＋8　　⑭ 73＋5

⑮ 80＋7　　⑯ 63＋5

⑰ 76＋2　　⑱ 90＋3

⑲ 54＋5　　⑳ 63＋6

べんきょうした日  月 日

2けたと1けたのたしざん③

れんしゅう

▶▶▶ 答えはべっさつ14ページ

1問5点

点

たしざんをしましょう。

① 86＋2	② 42＋7
③ 78＋1	④ 63＋5
⑤ 23＋5	⑥ 60＋8
⑦ 77＋2	⑧ 63＋3
⑨ 46＋2	⑩ 30＋7
⑪ 66＋2	⑫ 72＋6
⑬ 83＋2	⑭ 42＋4
⑮ 61＋7	⑯ 84＋3
⑰ 32＋7	⑱ 55＋4
⑲ 38＋1	⑳ 62＋2

87 2けたと1けたのたしざん③

れんしゅう

答えはべっさつ15ページ

点数　　点

1問5点

たしざんをしましょう。

① 41＋2　　② 35＋4

③ 68＋1　　④ 92＋5

⑤ 83＋3　　⑥ 51＋8

⑦ 42＋5　　⑧ 76＋2

⑨ 75＋2　　⑩ 33＋6

⑪ 86＋1　　⑫ 62＋7

⑬ 21＋6　　⑭ 80＋9

⑮ 52＋6　　⑯ 24＋3

⑰ 47＋1　　⑱ 35＋3

⑲ 74＋3　　⑳ 85＋2

88 2けたと1けたのたしざん③

▶▶▶ 答えはべっさつ15ページ

1問5点

点

たしざんをしましょう。

① 43＋6

② 28＋1

③ 52＋7

④ 68＋1

⑤ 51＋3

⑥ 63＋4

⑦ 47＋2

⑧ 53＋3

⑨ 62＋5

⑩ 46＋3

⑪ 91＋8

⑫ 92＋6

⑬ 82＋6

⑭ 37＋2

⑮ 51＋6

⑯ 75＋4

⑰ 57＋1

⑱ 72＋7

⑲ 64＋1

⑳ 66＋2

べんきょうした日　月　日

89 2けたと1けたのひきざん⑤

りかい

答えはべっさつ15ページ

①～④：1問15点　⑤～⑥：1問20点

点数　点

ひきざんをしましょう。

① 26 − 3 = □

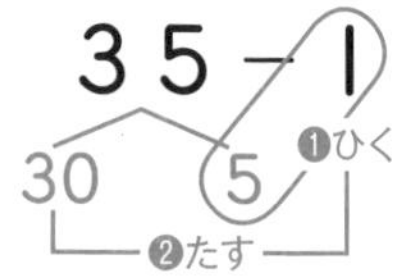

←26を，20と6にわける
❶6から3をひいて3
❷20と3で23

② 35 − 1 = □

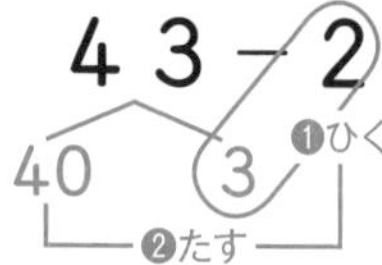

←35を，30と5にわける
❶5から1をひいて4
❷30と4で34

③ 43 − 2 = □

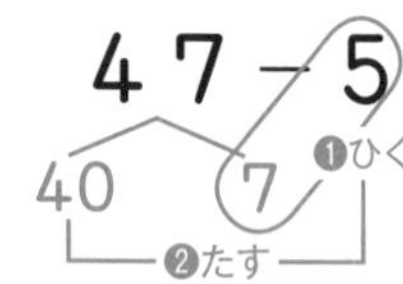

←43を，40と3にわける
❶3から2をひいて1
❷40と1で41

④ 47 − 5 = □

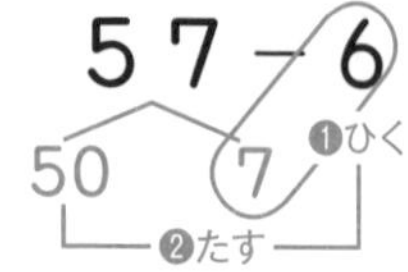

←47を，40と7にわける
❶7から5をひいて2
❷40と2で42

⑤ 57 − 6 = □

57 − 6　50　7　❶ひく　❷たす

←57を，50と7にわける
❶7から6をひいて1
❷50と1で51

⑥ 63 − 3 = □

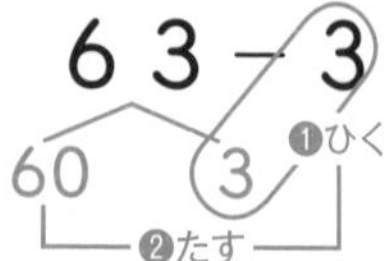

←63を，60と3にわける
❶3から3をひいて0
❷60と0で60

べんきょうした日  月 日

90 2けたと1けたのひきざん⑤

れんしゅう

答えはべっさつ15ページ

1問5点

点

ひきざんをしましょう。

① 36－2

② 53－2

③ 27－4

④ 38－4

⑤ 47－2

⑥ 76－4

⑦ 55－3

⑧ 36－5

⑨ 64－2

⑩ 38－7

⑪ 41－1

⑫ 22－1

⑬ 57－3

⑭ 48－4

⑮ 54－2

⑯ 69－8

⑰ 47－3

⑱ 56－3

⑲ 39－5

⑳ 76－3

べんきょうした日　月　日

2けたと1けたのひきざん⑤

▶▶▶ 答えはべっさつ15ページ

1問5点

点

ひきざんをしましょう。

① 26－3　　② 67－7

③ 57－5　　④ 49－7

⑤ 38－6　　⑥ 66－6

⑦ 56－4　　⑧ 95－4

⑨ 29－7　　⑩ 87－5

⑪ 68－8　　⑫ 34－3

⑬ 49－9　　⑭ 63－1

⑮ 88－6　　⑯ 65－5

⑰ 45－2　　⑱ 95－3

⑲ 28－5　　⑳ 79－6

2けたと1けたのひきざん⑤

▶▶▶ 答えはべっさつ15ページ

1問5点

点

ひきざんをしましょう。

① 32 − 1

② 48 − 7

③ 56 − 1

④ 67 − 6

⑤ 33 − 1

⑥ 48 − 8

⑦ 77 − 3

⑧ 95 − 3

⑨ 83 − 2

⑩ 29 − 7

⑪ 34 − 2

⑫ 86 − 6

⑬ 83 − 1

⑭ 56 − 4

⑮ 69 − 7

⑯ 84 − 3

⑰ 39 − 7

⑱ 55 − 4

⑲ 37 − 5

⑳ 67 − 2

べんきょうした日　月　日

93 2けたと1けたのひきざん⑤

れんしゅう

答えはべっさつ16ページ

点数

1問5点

点

ひきざんをしましょう。

① 43－2　② 35－4

③ 68－7　④ 95－5

⑤ 83－3　⑥ 55－3

⑦ 42－1　⑧ 76－2

⑨ 25－2　⑩ 33－3

⑪ 86－4　⑫ 67－2

⑬ 29－8　⑭ 85－2

⑮ 57－6　⑯ 24－3

⑰ 49－8　⑱ 64－3

⑲ 78－5　⑳ 85－2

2けたと1けたのひきざん⑤

▶▶▶ 答えはべっさつ16ページ

1問5点

点

ひきざんをしましょう。

① 96－6

② 28－7

③ 68－7

④ 63－1

⑤ 57－6

⑥ 65－4

⑦ 47－2

⑧ 53－3

⑨ 86－5

⑩ 29－7

⑪ 99－8

⑫ 92－2

⑬ 84－1

⑭ 37－3

⑮ 59－5

⑯ 75－4

⑰ 55－4

⑱ 27－7

⑲ 64－1

⑳ 67－4

べんきょうした日　　月　　日

95 2けたと1けたのたしざん・ひきざんのまとめ
マスゲーム

答えはべっさつ16ページ

こたえのマスをぬると，えがでてきます。
どんなえがかかれているでしょう。

1	2	3	4	5	6	7	8	9	10
11	12	13	14	15	16	17	18	19	20
21	22	23	24	25	26	27	28	29	30
31	32	33	34	35	36	37	38	39	40
41	42	43	44	45	46	47	48	49	50
51	52	53	54	55	56	57	58	59	60
61	62	63	64	65	66	67	68	69	70
71	72	73	74	75	76	77	78	79	80
81	82	83	84	85	86	87	88	89	90
91	92	93	94	95	96	97	98	99	100

58 − 3 ＝

83 ＋ 1 ＝

60 ＋ 5 ＝

31 ＋ 7 ＝

21 ＋ 4 ＝

30 ＋ 5 ＝

78 − 4 ＝

39 − 2 ＝

61 ＋ 2 ＝

89 − 6 ＝

72 ＋ 1 ＝

18 − 2 ＝

44 ＋ 4 ＝

73 ＋ 2 ＝

43 ＋ 2 ＝

29 − 3 ＝

20 ＋ 7 ＝

88 − 3 ＝

11 ＋ 4 ＝

66 − 2 ＝